我的宠物书

〔日〕 与猫咪的每一天 编辑部·编

〔日〕南部美香·审阅

陈梦颖 等·译

萌猫
养护全程指导
全彩图解版

中国农业出版社

前言

　　自创刊以来，以"猫咪的伙伴"为口号，以"追求猫咪和人类幸福"为宗旨的杂志《与猫咪的每一天》，首次推出关于如何饲养猫咪的书籍。

　　笔者觉得能读到此书的人，一定是和猫咪有某种缘分的人。《与猫咪的每一天》认为无论是第一次养猫还是经常养猫，可能都会因为猫咪的存在而辛劳、烦恼，但与此同时猫咪还会带给我们更多的思考、喜悦以及欢乐，是我们最好的朋友。若本书能让你和与你有缘的猫咪度过快乐幸福的每一天，笔者将倍感荣幸。

让猫咪喜爱的10个条件

想要和猫咪愉快地生活，首先你要成为它们最好的伙伴，这一点非常重要。笔者与宠物专家进行了探讨，总结出了喜爱猫咪以及让猫咪喜爱的10个条件。

1　了解猫咪的习性

2　打造猫咪喜爱的空间

3　对猫咪的饮食负责

4　与猫咪保持合适的距离

5　有一双深入观察猫咪的眼睛

6　找一个值得信赖的家庭医生

7　猫咪有自己的地盘

8　猫咪离别之际家人要陪伴到最后

9　珍惜和猫咪之间的"缘分"

10　成为"猫咪的恋人"

1 了解猫咪的习性

　　猫咪是一种与生俱来就喜欢狩猎的肉食动物。同时，它也是长久以来与人类共同生活的家畜。猫咪最具魅力之处就在于，它虽然和人类非常亲近，却是家畜中最接近野生动物的品种。猫咪之所以对运动的物体很感兴趣源自它狩猎的习性。运动的物体能让猫咪开启野生模式，激发体内狩猎的本性。猫咪作为"天生的狩猎者"，最喜欢的游戏就是让它们体验"模拟狩猎"。➡P80~

　　此外，喜欢独处也是猫咪的特性。与集体狩猎的狗不同，单枪匹马狩猎的猫科动物（群居生活的狮子除外）基本上都是单独行动。人们经常说"猫认家，狗认人"，这充分说明了猫咪是一种不喜欢周围环境变化的动物。可能有人会担心：完全的室内饲养会不会让猫咪产生压力？要知道，猫咪原本好奇心强，但同时又具备极强的警惕性。对于它们来说，优先考虑的是"有一个能够安心居住的小窝和一种不愁吃、不愁喝的生活"。所以，不用担心室内饲养给猫咪带来压力的问题。

2 打造猫咪喜爱的空间

　　猫咪喜爱的空间关键在于"能够让它们爬上跳下"和"可以随意跑来跑去"。猫咪原本就喜欢

爬树，喜欢在屋顶上乱跑。如此说来，最适合猫咪生存的环境或许是古代初期。那个时代，家里一般都有屋檐有走廊，猫咪可以随便跑到外面，不用过于担心交通事故。但是，在楼房密集、交通发达的现代，大多数家猫不得不在狭小的空间内生存。正因如此，作为主人的我们要精心为猫咪在室内打造一个它们喜爱的空间。➡P67~

3 对猫咪的饮食负责

以前，猫咪在外面自由地捕食老鼠、小鸟，不需要依靠人类来获取必要的营养元素。然而现在由于只能吃主人给的食物，导致它们会患一些因肥胖或碳水化合物摄入过多引起的糖尿病及老年病，此外，以往猫咪不可能患的病也有所增加。也就是说，从饮食来看，现代对于猫咪来说也许可以称之为"受磨难的时代"。所以，为了爱猫的健康，请练就一副火眼金睛，为它们挑选优质的食物吧。➡P41~

4 与猫咪保持合适的距离

猫咪的魅力之处和狗很像，就是"只表扬它的话，它不会满足"。想要被猫咪喜爱，要记住，比起表扬，更重要的是不要过度地宠爱它们。和"主人就是老板"，听从主人命令的狗不同，猫咪不需要老板。猫咪和主人的关系一般被说成像母子关系，但笔者认为，对于猫咪来说，互不干涉、保持一定距离的"邻里关系"更合它们的心意。

5 有一双深入观察猫咪的眼睛

和猫咪一起生活需要特别注意的是：一定不要忽略猫咪生病时的征兆。在日常生活中要经常注意观察，看看猫咪是否有异常的排尿行为，水、食物的摄取量是否有变化等。只要细心观察，即便是微小的异常也能够尽早发现。如果猫咪看上去好像有些不舒服的话，说明它的病情到了很严重的地步。一定不要忘记，对于猫咪的病情来说，"及早发现，及早治疗是铁则"。➡P110~

6 找一个值得信赖的家庭医生

为了在猫咪治疗时不让自己后悔，为了避免到最后还在犹豫"可以把爱猫的性命交给这位医生吗"，要和宠物医生构筑一种信赖关系，这一点非常重要。治疗时做出选择的不是猫

咪，而是人。可以说，猫咪和那个人的缘分非常重要。作为主人的我们如果和值得信赖的家庭医生一起了解猫咪的病情，一起尽全力挽救猫咪生命的话，到最后就不会后悔。➡**P106~**

7 猫咪有自己的地盘

对于我们人类来说，猫咪只要待在身边就能起到很好的心灵治愈的作用，甚至有时候猫咪可以成为我们的精神支柱，是非常重要的存在。但是，猫咪说到底还是猫咪。如果把猫咪当做是某种替代品，那对于主人和猫咪双方来说都是不幸的吧。宠物是家庭成员但不是孩子。如果猫咪被当做人的孩子，活到十几岁就死掉的话，作为主人一定会难以接受吧。但是，猫咪15岁相当于人类73岁，超过20岁就相当于人类90岁以上，这个年龄对于他们来说可以寿终正寝了。我们要认识到"人类的时间和猫咪的时间是不一样的"。在此基础上，相互在有限的时间里共享喜悦，"有你在我身边很幸福，所以才能够不断加油"。能够一起分享喜悦的话，无论是人还是猫咪一定都会很幸福。

8 猫咪离别之际家人要陪伴到最后

此时最理想的状态应该是"接受爱猫即将离世的事实，可能的话，在它离别之际和家人一起陪伴它到最后"。和信任的家庭医生好好谈过之后，如果确实没有好的治疗方法的话，最后可以把猫咪放到家里它最喜欢的地方让它安然离去。这种被所爱的家人们所守护、所送别的方式，对于猫咪来说也许是一种非常幸福的送别方式吧。无论是否已知道爱猫的即将离世的事实，只要面对猫咪的死亡，面对送别猫咪这一事实，对任何人来说无疑都是十分痛苦的事。但作为对猫咪生命负责的主人来说，能够直面猫咪的死亡，也是一种爱的表现。

猫咪和人类各有其寿命。所以我们要给予猫咪认可，猫咪已经尽力度过了它的一生。不管在一起的时间多么短暂，若一直怀着"谢谢你曾作为家人出现在我生命里"这种心情，猫咪也会很幸福吧。只要是生物，固然有一死，是猫咪将这个道理提前呈现给了我们。

9 珍惜和猫咪之间的"缘分"

如此一来，在各种各样的相遇中，珍惜与你有缘的生命并将这种缘分世世代代延续下去……这才是非常了不起的事情！这样，那些无依无靠的猫咪和将要被杀死的动物们就不会断后。当然，从现实来看，我们或许不可能救助所有的动物，但是笔者忠心希望能够把和你有缘的猫咪作为家庭一员来接纳。猫咪不仅能捕捉老鼠，最近在动物治疗领域也十分活跃，凭借自身能力能够治愈受到伤害的人。还有很多猫咪是家庭和地区不可或缺的润滑油。虽然成不了"看家猫"，但我们所生活的社会中猫咪的活跃场所是无限大的。

10 成为"猫咪的恋人"

"猫咪的恋人"是指"把和猫咪相处作为人生一部分的人"。和猫咪相处并不是因为它有罕见的花纹或特别的血统，而是单纯因为猫咪本身就是一个绝佳的存在。关注被丢弃的或无依无靠的流浪猫，从心底怜悯被杀害的小生命，能够基于爱护动物的精神与猫咪相处，默默祈祷人与猫咪和谐共处、幸福同在的人——这些人才是猫咪的恋人。猫咪很久以前是被人带入到家庭中，现在已很难再回到野生状态。希望大家认识到：猫咪离开人类将很难生存下去。

想要被猫咪喜爱，首先要从了解猫咪、摸清猫咪的脾气开始。努力为这些无法用语言交流的猫咪以及其他动物创造一个充满温暖的社会。

目 录

护理很重要哦

10 需要提前了解的事项

小知识

来了解一下各种
各样的小知识吧!

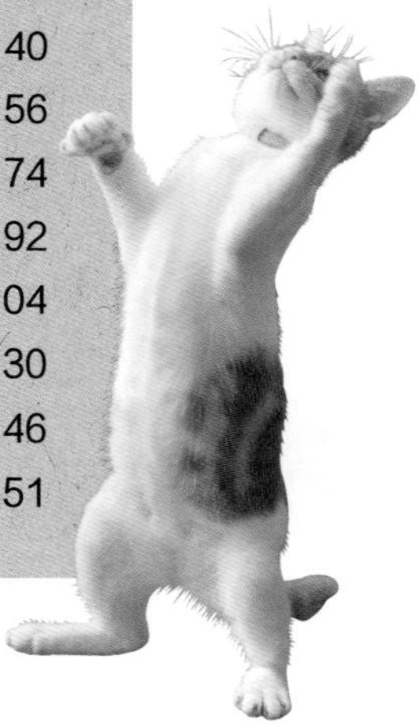

迎接猫咪需要做的准备

准备好猫咪生活所需物品，
做好室内安全检查等准备工作吧。

准备齐全必要物品

第 一次养猫咪的人一般都不知道需要提前准备好哪些东西。当然所有东西都准备齐全是最好不过了，但事先按照以下优先顺序："必须马上准备好的物品""慢慢准备也来得及的物品""有的话会很方便的物品""非常时刻有它便安心的物品"进行分类的话，准备起来就不会手忙脚乱了。

马上就需要的物品

食物、厕所等最基本的身边之物要在猫咪到来之前准备好。

餐具

盛食物和盛水的器具要各准备1种。餐具最好选择不容易洒出、稳定性较好的容器。为了让猫咪随时都能喝到水，需要在多个地方放置盛水的器具。

食物

准备适合猫咪年龄的猫粮。如果知道猫咪一直以来所吃猫粮的牌子，继续喂同一个牌子的猫粮会比较安心。

厕所

为猫咪准备和它自身大小相符的厕所。厕所的理想数量为猫咪的数量+1。准备厕所时不要忘记搭配专门的漏铲，以便清理凝固的猫砂或猫便。猫厕所的形状各种各样。

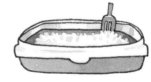

猫砂

将猫砂铺在厕所里面。猫砂种类多样，除了矿物质类的，还有纸质、木材等多种形式。

可以的话

让猫咪继续使用它喜欢用的物品

猫咪对环境的变化比较敏感，周围环境的变化容易让它产生压力，所以新环境里如果有猫咪之前用过的、沾有自己气味的物品的话，它就容易放心。如果有猫咪之前喜欢用的厕所、床或玩具之类的，最好继续使用。此外，刚开始的一段时间里猫粮、猫砂最好不要更换品牌，沿用之前的比较好。

床

准备一张可以让猫咪安心休息的床。也可以在纸箱里铺上毛巾给猫咪制作一张床。

便携猫箱

事先准备一个便携猫箱，以便领养猫咪时或者一旦发生意外可以马上带它去医院时使用。便携箱有很多种，比如布袋子、帆布类，塑料的或者箱子类。便携箱要选择底部结实的，即使猫咪长大了也可以用。

猫笼

猫笼会在让猫咪适应新环境、猫咪生病疗养期间需要隔离时发挥作用。一旦发生灾害，带着猫咪前往避难所的途中，如果有猫笼的话会很方便、放心。平时就让猫笼充当猫咪的小窝，在里面放一张床然后将猫笼放在房间里面，这样猫咪就会习惯，隔离的时候就不会警惕。

微型芯片

国外在渐渐普及这种微型芯片，目的是万一项圈脱落还可以依靠芯片找到爱宠。微型芯片里有个体识别码，直径约2毫米，长8~12毫米的圆筒形电子标识工具被植入到猫颈部的皮下组织。由于不会对猫咪造成过度的负担和疼痛，并且大部分动物医院和保健所有专门的指导用书，所以这种微型芯片是连接猫咪和主人之间最后的线索。将芯片和姓名住址牌一并给猫咪附上，这样就有了双重保障，能够让主人放心很多。

项圈&姓名住址牌

如果猫咪不小心走失，这个项圈会告诉别人这只猫咪是有主人的，并且项圈上写上姓名和住址有助于找到走失的猫咪。为了防止项圈脱落，推荐使用需要花费很大力气才能挂上和摘下的安全型带扣项圈。

慢慢准备也来得及的物品

玩具、护理用物品可以慢慢准备。

磨爪板

磨爪子是猫咪的本能。为了防止猫咪用家具磨爪子，需要准备好专门的磨爪用具。磨爪板的种类多样，形状有方形的、杆状的，材质有纸箱、麻类、木质等。

玩具

玩具对于猫咪来说是释放压力、缓解运动不足的必备品。特别是对于玩心很重的幼猫来说，可以通过玩具模拟狩猎体验，这对于猫咪的学习成长来说非常重要。

要找到自己喜欢的玩具哦

猫塔

对于喜欢上蹿下跳的猫咪来说，猫塔是最适合的游玩场所。有的猫塔塔柱可以用来磨爪子，这对于室内空间有限的房子来说简直是一大宝贝。

护理用品

让猫咪从小就慢慢习惯剪指甲、梳毛等护理行为，这样以后操作起来双方都不会有压力。毛刷根据长毛、短毛不同要分开使用。

季节性物品

猫咪用的暖炉、凉垫等可以让猫咪舒服地度过不同的季节。有了这些小物品，即便是不喜欢空调的猫咪，也能在家里找到一个适合自己的、舒服的地方。

猫绳

猫绳可以防止外出或去医院时猫咪挣脱、乱跑，在发生灾害或避难时也能发挥作用。最好在猫咪小的时候就让它们慢慢习惯带上、解下猫绳。

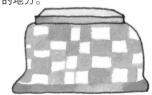

有这些物品的话会很方便

要想在室内和猫咪愉快地生活，扫除用具、空气清洁器等物品会为你带来便利。

宠物用湿纸巾

不含酒精的宠物用除菌纸巾。除用来擦拭嘴角、耳朵外，还可用来擦拭猫咪身上的污渍。

空气净化器

虽然猫咪的体臭不重，但是在高级公寓或密闭的房间里，特别是密封性较好的房间里饲养猫咪的话，容易闻到猫咪厕所的气味。所以需要空气净化器，空气里没有异味的话猫咪也会很舒服。

除菌、除臭喷雾

可用于清理洒落的食物、呕吐物以及厕所周围。由于猫咪很容易中毒，所以要选用不小心被猫咪误食也无害的喷雾。

洗衣网袋

有的猫咪很抗拒去医院，去医院时会很恐慌，这时可以把它们放在洗衣网袋里，连同网袋一起放入便携箱。这样不仅可以防止猫咪挣脱逃走，就诊时也便于诊断。

粘毛器

有助于清理猫床附近以及猫咪掉落的粘在沙发等布制家具、衣服上的毛。

有这些物品会很放心

如果事先准备好可以马上带走的猫用避难物资，一旦发生灾害时就可以避免临时的慌乱。➡P152

☑ 事前的安全检查

- ☐ 不要让猫咪进入浴室、厨房

- ☐ 不在架子、桌子上放易碎、易坏品

- ☐ 目之所及之处不放食物、洗涤用品和药物

- ☐ 将可能引起猫咪中毒的植物处理掉（→P50）

- ☐ 使用带盖的垃圾桶

- ☐ 检查一下有没有掉落猫咪玩耍时容易误食的东西，比如纽扣、橡皮圈或针

- ☐ 为了防止猫咪跑出去，不要一直开着窗户或门

- ☐ 为了防止猫咪触电，收起没用的电线，安装电源保护套

- ☐ 事先确认好最近的宠物医院信息

NO

事先做好安全措施

　　喂养淘气的幼猫需要特别注意这一点。幼猫看见什么都会觉得是玩具，对家中的一切都充满了好奇心。为了防患于未然，要事先做好安全措施。尤其要注意浴室里有水的地方，用火的厨房以及电源附近。

　　为了以防万一，事先确认最近的宠物医院的联系方式和就诊时间。

第一天的流程（例）

上午领养、移动

- 为了防止猫咪晕车、因压力而呕吐，早上尽可能不要给猫咪喂食。
- 移动时在便携箱上盖上一块布，因为猫咪在黑暗的环境里容易安心。
  ※要注意室内外的温差（根据季节不同，可以在箱子里放入用毛巾裹好的暖炉或制冷剂）。
- 考虑猫咪的身体和心理负担，选择最短路线，选用刺激最少的移动工具。

到达，开始探索行动

- 确认猫咪的身体状况，进行室内安全检查（见上一页），让猫咪一开始就喜欢这个环境。
  ※如果猫咪身体状况看上去不太好，尽早带它去看宠物医生。
- 猫咪通过嗅觉对周围环境进行探索，在猫咪探索期间要确保它的安全并静静在一边守护。

吃饭时间

- 等猫咪稍微适应了环境后，把准备好的食物给它。

上厕所时间

- 当猫咪表现出闻地板、用爪子想要挖洞等坐立不安的行为时，表示它想排泄了，这时要带它去上厕所。➡P62~

睡觉时间

- 不要过度保护猫咪，要让猫咪放松。
- 可以把舒适的、能让猫咪好好休息的床放在附近。

领养猫咪要尽早

　　做好了事前准备，终于迎来了猫咪的到来之日。为了确保能够轻松应对意外状况以及对猫咪照顾地更加周到，建议最好上午去领养。为了让猫咪意识到"这里是安全的"，不要过度抚摸和干预它，要给它自由的空间。猫咪身边如果有沾有自己气味的东西会比较放心，所以领养的时候最好把它喜爱的用品一起带回来。

家里已经有猫咪的话

经过一段时间再让新猫、老猫见面，双方的见面要慎重

家里已经有猫咪的情况下，最重要的是要让新猫接种疫苗，确保没有健康问题后再让它们接触。

但是，并不是马上就让他们接触，而是花点时间让彼此慢慢习惯。刚开始不要让它们在同一个房间，要拉开距离，等熟悉了彼此的气味和情况之后再让它们隔着笼子见面。如果不让它们见面的话，很难了解两只猫咪的性情。环境适应能力强的幼猫相处起来比较容易，而不喜欢周围环境变化的老猫以及戒备心很强的神经质的猫咪相处起来可能会有压力。

由于猫咪会极力避免斗争，所以即便是两只猫咪性格不合，只要确保各自的住所和食物，它们还是可以相安无事地共处。但是，如果性格极其不合的话，就不要让它们接触。这种情况下可以把它们的房间分开，然后务必准备一个不互相干涉的安全地带和避难场所。

另外，领养新猫后很容易对新猫过度关心，但请不要忽视之前的猫咪，要对之前的猫咪给予超越以往的关心和爱意。

幼猫的照料

如果你和刚出生的幼猫有缘，领养的是刚出生的猫咪的话，就需要像母猫一样，对它们进行特别的照顾。

猫咪睡觉的时候会成长呢

照顾出生不久的幼猫

如果领养的猫咪是眼睛还没睁开、刚刚出生的幼猫或者还没有断奶的幼猫的话，首先要做的就是带它去最近的宠物医院。

保持体温

为出生45天左右的幼猫做一个保温床（→P24），让幼猫保持一定的体温。出现幼猫体温突然下降等紧急情况时，要采取紧急保护措施用毛巾将幼猫包裹住。

马上带猫咪去最近的医院

让猫咪在医院进行健康检查。

接受正确的就诊、喂养指导

根据幼猫的周龄和发育状态、有无生病和寄生虫等，接受今后就诊、喂养方面的指导。猫咪的食物可以让医院调配，这样会更放心。

1岁之前是重要的成长期

谁都容易被像毛线团一样软绵绵、可爱的幼猫所吸引、所俘获，但并不是所有的人都和幼猫有这种缘分。如果领养被猫妈妈抛弃的刚刚出生的幼猫的话，需要给它们喂奶，帮助它们排泄。此外，1岁之前是幼猫身心快速成长的关键时期，这段期间，你应该像幼猫的妈妈一样，给予它们足够的爱护和关心。

➡ 幼猫的成长轨迹

幼猫非常嗜睡（一天约睡20个小时），且前3个月成长迅速。出生后6周以内要喂母乳（或者幼猫专用奶），让其摄取足够的营养，6周之后换成非乳制品。由于这是猫咪身心快速成长的关键时期，每天幼猫的体重会增加15~20克，所以要每天给猫咪称体重，进行健康管理。

出生至第1周 体重100~120克。除了吃奶、排泄之外都在睡觉。

第1~2周 体重200~250克。眼睛开始睁开。

第2~3周 体重350~400克。耳朵开始立起来，活动范围扩大。

1个月~第5周 体重400~500克。喉咙开始发出咕噜噜的声音，开始舔毛。

第6~7周 体重600~700克。开始吃非乳制品，变得好动。

2个月~第9周 体重700~1000克。喂幼猫专用食物，接种疫苗（3~4周以后再接种）。

3个月~ 体重1~1.5千克。让其慢慢习惯护理用品。

6个月 体重2~3千克。离开猫妈妈开始独立。长出犬牙。母猫出现发情的征兆。

1岁 体重3.5~5.5千克。身体基本长成。

23

照料未满1个月的幼猫

照料未满1个月的幼猫，需要替猫妈妈进行喂奶、帮助幼猫排泄。由于幼猫还不能调节自己的体温，所以要留意室内温度，做好温度管理。

没 有猫妈妈在身边或者被抛弃的幼猫，由于出生未满1周，还不能调节自己的体温，所以要准备好保持体温用的保温床。猫咪的正常体温是38.5℃，室温应控制在25℃左右，保温床的温度在30℃比较理想。此外，出生1个月之内要给幼猫喂奶，并帮助其排泄。如果猫咪表现出不安的状态，需要尽早带它们去宠物医院。

➡ 准备好保温床

说是床，但最好是有一定高度的箱子，这样可以防止猫咪跑出去。网格状的笼子不易保温，纸箱和泡沫保温效果好，可以用这种材料制作一个保温床。把制作好的保温床放到室内容易看到并且安静、安全的地方。

制作保温床需要的东西

箱子
箱子要宽敞并且有一定的高度。底部可以铺上吸水性好的宠物垫。

保温用具
将宠物用的电热器、热水壶、怀炉、加入热水的塑料瓶等用毛巾裹好放在角落里。注意不要让保温床温度过高。

毛巾
保持毛巾的清洁，脏了的话要时常更换。

➡ 喂奶的方法

　　准备好市场上销售的幼猫专用奶和奶瓶（或注射器）。奶温约为38℃，将奶放入奶瓶，每3~4小时喂一次。每次喂的量（奶粉要注意浓度）要遵医嘱或参考包装袋上的用法与用量。由于牛奶会引起猫咪消化不良或腹泻，所以不要喂猫咪牛奶，一定要选用适合猫咪喝的奶。

1 准备38℃的奶。不要提前，喂的时候准备好即可。每次都要清洗奶瓶，用干净的奶瓶喂猫咪。

如果幼猫吸食能力较弱的话，可以使用注射器，这样猫咪吃起来会更容易。

2 将幼猫腹部向下固定，奶瓶放在猫咪头部偏上位置，让幼猫感觉像是在吃母乳一样。

➡ 促进排泄的方法

　　猫妈是通过舔幼猫的肛门或阴部来促进其排泄的。所以领养了幼猫的话，可以模仿此方法，将纸巾或棉花用温水浸湿，轻轻刺激幼猫肛门附近。由于幼猫每天要排尿多次，所以当它膀胱鼓鼓的时候就不要让它喝太多奶了。

1 将纸巾用温水浸湿，轻轻刺激肛门附近。

2 清理排泄物。幼猫的尿量较小，一般也就稍微渗进纸巾一点点。大便一天一次，便便较软。如果猫咪出现腹泻或3天以上没有大便的话，要去医院检查。

照料2~3个月的幼猫

到了这个阶段，幼猫可以断奶，也可以自己上厕所了。这一阶段是培养猫咪社会性的重要时期，所以尽可能让猫咪进行多种体验吧。

出生1个月之后猫咪就可以自己排泄了，这时要为猫咪准备好厕所。饮食上也有一些相应的变化：出生6个月之内喂奶，6个月之后要喂市场上销售的辅食或者在猫咪专用奶内加入营养价值高的湿猫粮。出生2个月之后更换为幼猫用的猫粮，在快速成长的3~6个月，猫咪想吃多少就喂多少。在这个阶段里，要给予猫咪足够的关爱，让它们多多体验，这样就会培养出具有社会性的猫咪。这期间让它们习惯刷牙和梳毛的话，以后就会轻松很多。

➡ 更换食物

出生6周~2个月

辅食：用市场上销售的辅食或者在猫咪专用奶内加入营养价值高的湿猫粮来喂养小猫。也可以把猫咪专用奶粉做成球状喂给它们。

出生2~6个月

幼猫食物：猫咪出生2个月之后就可以喂它们幼猫吃的食物了。由于它们一天要吃好多次，所以出生6个月之内它们想吃多少就喂多少。为猫咪选择能够满足它们成长所需营养元素的食物。

➡ 让猫咪具备社会性

幼猫用厕所

　　幼猫的话，可以使用容易出入、边缘较浅的厕所。由于幼猫成长速度很快，所以也可以在纸箱、泡沫箱里铺上一层塑料袋来代替厕所。训练猫咪上厕所的步骤见P62

身体接触

　　这个阶段是培养猫咪社会性的重要时期。主人要代替猫妈妈抚摸、拥抱幼猫，要和幼猫多进行身体接触。在玩耍中体验模拟狩猎对于幼猫来说也是一种很重要的学习。这个阶段要让猫咪渐渐习惯护理，适应便携箱。

➡ 我家的猫咪是公是母

　　未满2个月的猫咪即便是兽医也难以分辨其性别。猫咪出生2个月后可以通过生殖器进行判断。

母猫

　　母猫的肛门离生殖器的距离比公猫远，肛门下面是阴道口。母猫的尿道在阴道里面。

公猫

　　肛门下面是生殖器。出生2个月后睾丸开始显现。

领养的话最好等猫咪出生4个月以后

　　幼猫原本会在猫妈妈的庇护下摄取足够的营养，获得免疫力，然后健康成长。幼猫在断奶的2~4月期间被称为"社会化期"，这期间它们会从猫妈妈那里学到很多猫社会的规则，会在和同伴玩耍嬉戏中掌握力度、学习狩猎。这段时间也是它们稳定情绪的重要时期。所以，领养猫咪的话最好等过了这个时期。

想要收养一直生活在野外的猫咪时

要切实做好信息收集工作，尽可能全面地了解将要收养的猫咪。收养后先带猫咪去做健康检查。

想要收养一直生活在野外的猫咪时，首先要确认猫咪是不是真的没有主人。因为有可能猫咪只是一时出去散步或者已经有人负责照顾这一片的猫咪了。要多去附近收集信息，向一直照顾这只猫咪或者知晓缘由的人进行说明。这不仅仅是因为和猫咪还有附近的人脸熟之后收养起来比较容易，还因为这样可以得到之前负责照顾猫咪的人的理解以及了解猫咪的成长和经历。

顺利收养猫咪之后，把它带回家之前要先带它去做健康检查。这是因为生活在野外的猫咪虽然看上去很健康，但是可能有传染病或者寄生虫。此外，去医院检查后也容易为猫咪选择食物，进行健康管理。

与别的猫咪相比，在外面恶劣环境下生存的猫咪警戒性更强，可能不太容易和人亲近，也可能难以适应新环境。但是，要明白这是由于猫咪经受了很多不为人知的苦难。所以这个时候要多花时间，对猫咪倾注足够的爱，照顾它，保护它。

3

猫咪是这样一种动物

虽然我们日常生活中经常接触猫咪，但关于猫咪的学问还有很多是不为我们所知的、比较深奥，比如从猫咪的生活状态到通过猫咪的叫声、动作传达出不同心情等。

身体的构成和功能

一般来说，我们口中的猫咪指的是家猫。在4500年前的埃及，为了保护谷物不被老鼠破坏，猫咪的祖先沙漠猫被驯化成了家猫。虽然猫咪经过几千年的驯养，但家猫的身体功能还保留着在沙漠中生活的沙漠猫的一些特征。

猫咪的五感特征

视觉

猫可以通过改变瞳孔的大小调节对光的感应。此外，黑暗中猫的眼睛之所以会发光是因为其视网膜后面有一层瓣膜，就像反光板一样。通过反射，它们在黑暗中的视力是人类的5~6倍。然而，猫的视力本身是人类的十分之一，此外它们也不擅长色彩识别，猫咪无法识别红色。

嗅觉

猫的嗅觉细胞是人类的2倍，它们的嗅觉是人类的几万倍，所以比起视觉，它们通常是通过嗅觉获取信息进行判断的。健康状态下猫咪的鼻子是湿的，可以感知温度的变化。猫咪上颚深处的犁鼻器上也有嗅觉细胞，因其可以分辨费洛蒙等气味，感知到气味后会产生嘴角上扬的"费洛蒙反应"。

听觉

人类的听力范围为20~20000赫兹，而猫咪是45~64000赫兹（狗是67~4 5000赫兹）。猫咪可以捕捉到人类听不到的超声波。猫咪耳朵上的肌肉也很发达，通过耳部20块肌肉可以自由旋转耳朵，迅速察觉到声音发出的方向。可以说猫咪的耳朵高度发达，不放过任何远处的猎物发出的微小的声音。

触觉

猫咪的胡须根部神经比较集中，可以迅速感知到所接触到的东西。此外，脸和下巴周围有很多可以散发费洛蒙的器官。费洛蒙可以影响猫咪的性行为和友好行为，对于猫咪来说是必不可少的。猫咪经常到处蹭就是要把这种费洛蒙蹭到自己身上。因为费洛蒙没有气味，所以人类闻不到。

味觉

猫咪和人类一样，也有感觉味道的味蕾。但是猫咪的味蕾不怎么发达，可以感觉到咸和酸，但是对甜味没什么感觉。可是，猫咪似乎可以感觉出甜味食物中氨基酸的味道，氨基酸是猫咪必需的营养元素和蛋白质的主要成分。也有喜欢吃豆沙等甜味食品的猫咪，但这种一般认为是由于主人经常让猫咪吃甜味食物的结果。

➡ 猫咪身体各部位的特征

眼睛——超凡的动视力和夜视能力

猫咪的瞳孔颜色有青、黄、绿等多种。猫咪具有夜行性，具备在黑暗中能清楚看到猎物的夜视能力和机敏应对运动物体的动视力。

耳朵——听力是人类的3倍

猫咪的听力是人类的3倍。猫咪具备听到比人类高2个八度音的高音域的能力。耳朵通过快速转动来确定声音的来源。

鼻子——通过气味获取信息

猫咪的嗅觉是人类的几万倍。因为猫咪是通过气味增进食欲的，所以一旦鼻子塞住，就无法识别食物，这一点一定要注意。

口——捕获猎物的最强武器

猫咪有能够咬住猎物的犬牙和将肉咬碎的臼齿。猫咪舌头上有无数刺啦啦的突起，这是沙漠猫的后代所特有的。

猫须——可以信赖的传感器

猫须长在嘴的两边，眼睛上面、脸颊、下巴和前腿的后部也有。

腿——优秀的弹跳能力

据说猫咪可以跳自己身高5倍的高度。弹跳力和瞬间爆发力如此强是因为猫咪后腿上的肌肉特别发达。

尾巴——长度、形状各种各样

猫咪的尾巴长度、形状多种多样。其中，可以判断出具有钩状尾巴的猫咪为东南亚血统。

毛——毛的光泽度是健康的晴雨表

猫咪身上一般有2种毛（有的猫咪只有其中1种），一种是外侧的，另一种是内侧较软的。毛具有保温作用，也可以作为垫子保护身体。猫咪每年都会换毛。

爪子——收缩自如的武器

爪子用来爬树或压住猎物。猫爪是由一层层的薄角质构成，变钝的话可以用指甲刀从外开始剪。

肉球——悄无声息的垫子

多亏了肉乎乎的垫子，让猫咪在靠近猎物时可以做到悄无声息，同时还可以防止猫咪走路、奔跑时滑倒。另外，肉球上有汗腺，猫咪在紧张时会出汗。

健康的猫咪的样子

究竟什么样的猫咪才算是健康的呢？回答这个问题之前，我们先来仔细地观察猫咪的身体吧。猫咪也有标准体型，过度消瘦和肥胖的话都要注意。

☑ 仔细检查身体！

□ 耳朵里面很干净，没有耳屎

□ 鼻子不脏，有一点湿

□ 步伐稳健，走路轻快

□ 抱着比看上去重

□ 牙龈呈漂亮的粉色

□ 毛色有光泽

□ 腹部周围的肉很紧致

□ 活泼好动，对运动物体反应敏捷

□ 没有眼屎或眼睛里没有白膜

□ 肛门附近干净

□ 肌肉紧致

□ 眼睛里有生机、活力

猫咪的理想体重

以1岁时的体重为标准

成年猫的标准体重是3.5~5.5千克。正常情况下，猫咪的标准体重是按照成长期结束后1岁时的体重增加15%以内计算的（幼猫的体重参见P23）。如果领养的时候猫咪已经成年，无法得知其1岁时的体重的话，可以向宠物医生确认该猫的理想体重。

1岁时的体重	正常范围（大体推测）
3.5千克	3.5~4千克
4千克	4~4.6千克
4.5千克	4.5~5.2千克
5千克	5~5.8千克
5.5千克	5.5~6.3千克

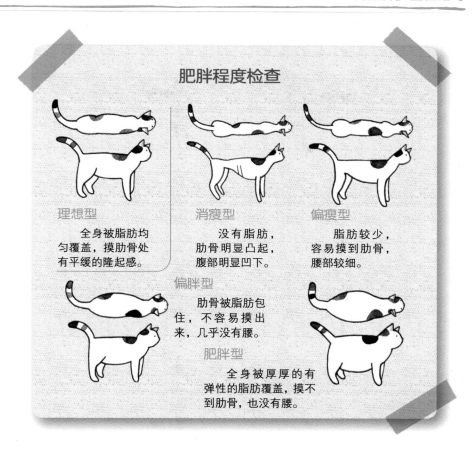

肥胖程度检查

理想型

全身被脂肪均匀覆盖，摸肋骨处有平缓的隆起感。

消瘦型

没有脂肪，肋骨明显凸起，腹部明显凹下。

偏瘦型

脂肪较少，容易摸到肋骨，腰部较细。

偏胖型

肋骨被脂肪包住，不容易摸出来，几乎没有腰。

肥胖型

全身被厚厚的有弹性的脂肪覆盖，摸不到肋骨，也没有腰。

肥胖是众病之源

猫咪一旦超过6千克，运动量会急剧减少，超过7千克，就开始讨厌运动。这样一来，就会更容易变肥胖。肥胖不仅导致猫咪不能自己舔毛，而且还会给心脏、内脏造成极大的负担，非常危险。据说肥胖的猫咪患糖尿病的概率比标准体重的猫咪要高。理想状态是维持1岁时的体重（见上页表）。如果领养的猫咪是成年猫的话，要咨询宠物医生，了解该猫咪合适的体重和食量。如果猫咪已经是肥胖型了，那就需要进行节食。此外，最重要的一点就是采取合适的方法让猫咪减肥，比如给猫咪吃低卡路里的减肥餐，在不减少饭量的基础上增加运动量等。

猫咪的生活状态

我们貌似对生活在身边的猫咪非常熟悉，但仔细一想却意外发现完全不了解其生活状态。你了解多少呢？猫咪，其实是这样一种生物。

小猎人

猫咪和狮子、老虎等大型猫科动物同为肉食动物，以老鼠、兔子等小动物或鸟类、昆虫为食。（据说，以老鼠为主食的话猫咪1天能吃10只。）虽然现在宠物食品充足，以老鼠等为主食的猫咪越来越少了，但是猫咪在"身体构造、习性、玩耍"等各方面还保留着作为猎人所拥有的优秀能力。

嗜睡

猫咪一天之中有大半的时间都是在睡觉中度过。猫咪的平均睡眠时间为16~18个小时。这是肉食动物的特性，一旦吃饱摄取了足够的营养之后，通过睡眠更有助于保存体力。然而，猫咪完全熟睡也只有4个小时，其余时间都在假寐。据说，猫咪从夜间到凌晨会突然兴奋，四处跑跳，这个时间段和老鼠的活动时间段是一致的。

爱干净

猫咪特别爱干净。由于猫咪可以自己舔毛，所以不用担心它们上完厕所之后的事情。猫咪上完厕所会用猫砂将排泄物盖住，并且会将屁股舔干净。这是猫咪所特有的清洁方式。猫咪之所以让自己身边保持清洁是出于作为猎人的一种本能，即不想因为自身气味让猎物有所警惕。如果不经常给猫咪打扫厕所的话，猫咪可能就不上厕所了，所以一定要注意保持厕所清洁。

好奇心强？胆小？

幼猫对任何事情都十分好奇，简直就是好奇宝宝。但是，并不是所有的猫咪都好奇心强，都很友好。随着年龄的增长，猫咪生存所不可或缺的警戒心渐渐萌芽。猫咪的性格是由天生的性格和后天形成的警戒心两者共同决定的。这两者的比例因猫而异，所以有天不怕地不怕的偶像型猫，也有除了主人不愿意见生人的性格内向的猫咪。猫咪的性格就像其身上的花纹一样，多种多样。

请多看我一眼。

独处也无妨

和群居、集体行动的狗不同，由于猫咪喜欢独自狩猎，所以老板、社会地位对它们来说没有必要。猫咪喜欢我行我素，即便一整天一个人看家也没有问题。猫咪喜欢单独行动，同时十分重视自己的地盘。它们平时会经常巡视，一个劲儿地到处用爪子刨，或者通过撒尿使地盘上沾有自己的气味。这些都是为了向别人宣告地盘的所属权。猫咪的这种行为叫做标记行为。

喜欢高、暗、狭小的地方

所有这些爱好都是祖先遗传下来的。因为在以前，猫咪会爬上高高的树眼观六路，寻找猎物；也会钻进沙漠中的岩石缝儿或树洞里进行休憩。因此，现在家里的猫咪也会爬上比较高的家具或是钻进黑乎乎的衣柜中。这些我们所想象不到的地方对于猫咪来说是能够安心的安全地带。

猫咪的心情，你懂吗？

想要用语言描述猫咪的心情是非常困难的，因为猫咪不通过语言交流。理解猫咪心情的捷径就是平时与猫咪面对面地仔细观察其动作，随着时间推移，慢慢增进相互之间的了解。但是，猫咪和猫咪的叫声、动作有细微的不同，而猫咪表达心情的方式也多种多样。这里，给大家介绍一些简明易懂、有代表性的动作和叫声。

➡ 用全身表达情绪

"来，我们一起玩耍吧"

两眼放光似的盯着主人，腹部朝上滚来滚去，爱猫人士称这个动作为"猫滚滚"。这是猫咪敞开心扉、毫无戒心的状态。这个动作表明猫咪等不及想要和你玩或是希望你能理它。

"好…好可怕"

耳朵贴服，趴着并将身子放低，瞳孔张开，眼黑变大。这表示猫咪害怕对方，想通过缩小身体来向对方传达它没有攻击的意思。这是恐惧和防御的姿势。

"我生气了！再惹我叫你好看！"

鼻子上出现皱纹，发出低鸣，全身的毛倒立，有时会发出"嗷"的叫声。这表示猫咪很愤怒或是威胁对方。猫咪全身尽可能放大，这是威胁对方的动作，同时也是猫咪感觉到恐怖时做出的动作。

➡ 猫咪的叫声多种多样

喵
啊，你好

喵~
给我这个或我要吃饭

嘶~
一边去！

嗷~嗷~
不安

发情期也会发出这种叫声

呜呜~
我生气了！

（喉咙里）
咕噜咕噜
心情不错

想要冷静下来时也会发出这种声音

咔咔咔咔~
啊，我想抓住它！

➡ 猫咪的尾巴会说话

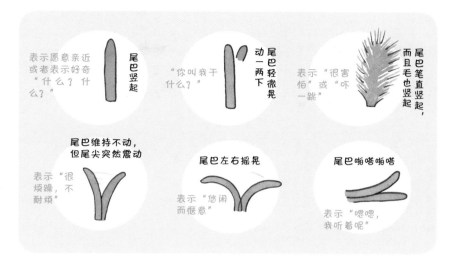

表示愿意亲近或者表示好奇"什么？什么？"

尾巴竖起

"你叫我干什么？"

尾巴轻微晃动一两下

表示"很害怕"或"吓一跳"

尾巴笔直竖起，而且毛也竖起

尾巴维持不动，但尾尖突然震动

表示"很烦躁，不耐烦"

尾巴左右摇晃

表示"悠闲而惬意"

尾巴啪嗒啪嗒

表示"嗯嗯，我听着呢"

➡ 动作也能传达意思

蹭蹭

这是为宣布所属地盘而进行的气味标记（标记行动）之一。蹭主人则表示"这个人是我的"，表示猫咪在向主人撒娇。

闻闻

嗅觉十分发达的猫咪通过嗅觉能够获得很多信息。它们什么都闻。猫咪之间会用闻来代替打招呼。它们经常通过闻来检查外出归来的主人以及收到的物品。

猫拳头

猫咪打架时会看到猫拳头。猫咪第一次看到某种物体或是对不明物体亮出拳头时，表示它害怕或好奇。但它们越是害怕越想看，所以要暗中注意它们的反应。

搓、揉

揉搓毯子、主人的肚子等柔软的东西（下图）是由于幼猫吃母乳时养成的习惯。有的猫咪会像吸乳头一样边吸毯子的边角，边揉搓。

猫咪的成长及其一生

下面让我们来了解一下猫咪从出生到死亡，猫咪的成长过程及其一生吧。
希望大家能够再一次认识到猫咪和我们人类的时间概念是不一样的。

➡ 猫咪的成长日历

年龄 ● 身体特征 ➡ 照料

（幼猫的成长和照料P21～）

授乳期～断奶期

出生
- ●除了吃奶、排泄之外都在睡觉中度过。
- ➡没有猫妈妈照顾的幼猫主人要照料它们吃奶、排泄。

1~3周
- ●眼睛睁开，耳朵竖起。
- ➡定期称体重，查看发育情况。
- ●从第3周左右开始能够独自排泄。
- ➡准备好幼猫厕所。

6~7周
- ●开始变得多动。
- ➡开始吃离乳食物。

幼猫期

2个月
- ●体重1千克左右。
- ➡更换为幼猫饮食。让猫咪接种疫苗，准备玩具。

3个月
- ●体重1~1.5千克。
- ➡让它习惯被照料。再次接种疫苗。

6个月
- ●体重2~3千克。离开猫妈妈独立生活。长出犬牙。母猫开始发情。
- ➡考虑给猫咪做绝育、去势手术。

7~8个月
- ●公猫这个时候开始性成熟，开始撒尿行为。
- ➡因为这时候活动范围扩大，注意避免意外事故。

成猫期

1岁
- ●体重3.5~5.5千克。停止成长，基本发育完全。
- ➡检查体重。食物更换为成猫猫粮。

2~4岁
- ●充满活力的青年期。从2岁左右开始长牙垢。
- ➡每年进行体重测量、健康检查和疫苗接种。

5~7岁
- ●进入中年期，变得安静。这个时期猫咪容易肥胖。
- ➡每年进行体重测量、健康检查和疫苗接种。最好也进行血液检查和尿检。注意防止猫咪过度肥胖。

老年期

8~9岁
- ●开始变老。活动量减少，睡眠时间增加。
- ➡每年进行体重测量，健康检查和疫苗接种。更换为老年猫的食物。

10岁~
- ●老年期。体重下降，身体开始衰老。癌症、肾功能不全等病症的发病率提高。
- ➡仔细检查尿量和饮水量，也要注意牙周炎。

猫咪和人类的年龄换算表 猫咪10岁相当于人类53岁，20岁相当于93岁！

猫	1	2	3	4	5	6	7	8	9	10	11	12	13	14	15	16	17	18	19	20	21	岁
人类	16	21	25	29	33	37	41	45	49	53	57	61	65	69	73	77	81	85	89	93	97	岁

（数据来源：康奈尔大学"猫科动物健康中心"）

➡ 每个季节的注意事项

春季

3月
春季的换毛期。
选用细毛刷给猫咪刷毛。
注意早晚的温差。

4月
想要给猫咪做绝育手术的话，
最好在发情期之前做。

5月
要特别注意跳蚤、螨虫的繁殖。
不在家的时候，室内温度可能会
升高，一定要注意室温管理。

秋季

9月
秋季换毛期。
早晚温差大
有可能造成猫咪身体不舒服。

10月
继续注意室内的温差。
也要注意体重管理。

11月
逐渐变冷，要做好冬天的准备，
比如将猫咪的床弄暖和等。

夏季

6月
雨水较多，
注意避免食物发霉和食物中毒。
餐具也要保持清洁。

7月
注意跳蚤和心丝虫。
一旦发现跳蚤，要马上带猫咪去
医院进行清理。
为猫咪建造一个乘凉的场地。

8月
注意预防中暑。
特别注意不在家时
室内温度的调节。

冬季

12月
切实做好防寒工作。
一品红、仙客来等植物会引起
猫咪中毒，所以一定要注意。

1月
特别注意因暖气等造成室内干燥
情况。可以使用加湿器来调节室
内温湿度。

2月
继续注意因寒冷和干燥造成的
水分不足。
不要忘记让猫咪补充水分。
留意检查猫咪的小便情况。

跳蚤

冬天也不可大意，要尽早清理

到春天或夏天，你有注意到猫咪身体有异常，看上去很痒吗？你有发现刷毛时会有黑色的小颗粒物（跳蚤屎）掉落，沾水后颗粒融化为红黑色吗。如果有这种情况，说明猫咪身上长跳蚤了。

跳蚤是身长约2毫米的寄生虫，从卵到幼虫，然后经过反复几次脱皮最终变为成虫。跳蚤会吸食猫血。春天需要几天，夏天只需要2天，跳蚤卵就会孵化。母跳蚤平均每天可以产下约30个卵。虽说跳蚤的平均寿命为2周，但是如果不寄生在猫咪身上，它们只能存活几小时。

但是，在有暖气的房间里，由于温度较高，所以冬天跳蚤也可以孵化繁殖。出入自由的家猫可能会和其他的猫咪接触而染上寄生虫，而流浪猫身上也有可能有寄生虫，所以一旦发现要带猫咪去宠物医院，用专门的药水尽早将寄生虫清理掉。

人家好痒呀！！

4

猫咪的饮食

饮食是猫咪每天必不可少的，所以给猫咪吃的食物要特别注意。
从富含营养元素的猫粮到亲手制作的美味食物，
猫咪更喜欢的是什么呢?

猫咪喜欢这样的饭

猫咪到底喜欢吃什么呢？和作为杂食动物，肉、素都吃的人类不同，猫咪需要摄取肉食动物必需的营养元素，并且会采取肉食动物特有的吃法。

必需的**营养元素**

合适的**量**

干净**的餐具**

新鲜、优质**的食物**

给猫咪吃富含综合营养元素的主食

对于猫咪的健康来说，最重要的就是饮食。猫咪和人所需的营养元素及其比例都不同。和以米面等碳水化合物为主食的人类相比，以肉为主食的猫咪需要摄入人类几倍的蛋白质。要保证给猫咪的食物中含有足够的不能在猫咪体内生成的牛磺酸等元素。另外，可以选择只需要喂水就能够满足猫咪所需营养元素的标记有"综合营养食物"（高级食物）的猫粮。

此外，即便是优质的食物，如果不新鲜、变质的话也不能拿给猫咪吃。要注意定期更换食物，保持食物新鲜，同时不要忘记每次都要使用干净的餐具。给猫咪喂食时要注意选择适合它们年龄和健康状况的食物，并控制好食量。

→ 猫咪所需的营养元素

脂肪

脂肪是身体运动所需的能量之源，同时也具有增强免疫力、帮助维生素吸收的功能。富含亚油酸、二十碳四烯酸等必要脂肪酸的动物脂肪是最好的。

蛋白质

蛋白质是构成肌肉、血液和皮毛等重要的营养元素，是生命所需能量之源。是体内不能大量合成的精氨酸和牛磺酸所必需的。牛磺酸不足可能会造成视力或心脏机能异常。

碳水化合物

糖分是能量源，纤维有助于促进肠胃消化。碳水化合物是重要的营养元素，但是由于猫咪原本就从老鼠体内直接摄取老鼠们吃到胃里的半消化物，所以需要的量不大。

维生素

身体生理机能不可或缺的营养元素。猫咪的话，维生素A、烟酸都必须从食物中摄取。维生素C可以由葡萄糖在体内合成，所以只要食物中富含足够的葡萄糖就可以满足日常的生活需要。

矿物质

矿物质是骨骼和牙齿所不可或缺的，同时也具有维持体液平衡的作用。猫咪要平衡摄取可以制造红细胞的铁元素，以及促进新陈代谢的镁元素等，这一点很重要。

水

占身体60%~80%的最重要的营养元素。如果食物里水分不够的话，可以通过饮水来补充。理论上说每千克体重每日摄取约60毫升水，但实际上很多猫咪都喝不了这么多水。

吃10只老鼠所摄取的营养元素

据说野猫一天吃10只老鼠。老鼠肉富含丰富的蛋白质和脂肪，骨头富含钙元素，内脏里有老鼠吃的碳水化合物或纤维。猫咪通过吃掉整只老鼠而摄取均衡的营养。

猫咪的饮食习惯在饮食方式上表现明显。猫咪一天少食多餐。这是因为猫咪的胃很小，每次只能容纳一只老鼠的量，胃变空了就再去捕老鼠吃，如此反复。

主要食物的种类

　　市场上销售的猫粮大致分为两种：干猫粮和湿猫粮。其主要不同之处在于水分含量。无论是哪种，只要是综合营养食物就没有什么问题。但是由于保质期不同、猫咪的喜好也不同，所以最好在了解其性质和质量的基础上，分开使用。

干猫粮

　　所含水分在10%以下。因其开封后不易变质，所以一定时间内外出不在家时可以给猫咪放在外面吃。但是，由于其水分含量少，所以一定要添加足够的水，确保猫咪随时都能补充水分。

湿猫粮

　　所含水分在75%~80%，猫咪容易从湿猫粮中摄取水分。因其容易变质，所以每次给猫咪能够吃完的量即可。由于水分含量多，猫咪容易喜欢，所以如果猫咪没有什么食欲的话可以喂它吃湿猫粮。

剩下的我要藏~起来！

➡ 包装袋的检查要点

1. 目的

袋子上明确标记着食物的类型。主食的话，应选择标有"综合营养食物"的猫粮。

2. 年龄

确认是否符合爱猫的年龄和成长阶段。

3. 保质期

尽可能选择新鲜的食物。要特别注意那些使用了酸化防止剂、保质期特别长的食物。

4. 功能

选择对健康管理有帮助的猫粮，比如具备"化毛功能""清理牙垢""适合绝育、去势手术时吃"的猫粮。

5. 量

干猫粮一个月之内，湿猫粮一天之内用完为宜。

6. 原材料

使用10%以上的原材料会按照使用量多少的顺序标在包装带上。选择猫粮时，要选那些将肉、鱼等动物蛋白质标记在第一位的。

7. 喂食方法

确认包装袋上是否明确标记了一天喂多少以及根据每种食物喂不同的量。

高级食物的判断标准

● 富含优质动物蛋白
● 只需要喂水即可的"综合营养食物"
● 符合"AAFCO（全美饲料检查官协会）"标准的食物

食疗所用食物需去医院咨询医生

食物中有由医院开具的针对特定病的"食疗食物"。现在通过网购可以轻松买到，但是食疗需要宠物医生的指导，一定要注意非专业人士擅自的判断可能会对猫咪的健康带来不利影响。是否要进行食疗一定要找相关医生咨询。

➡ 什么样的餐具好

餐具有各种各样的，选择一款便于猫咪进食的餐具吧。

对餐具的要求：
①选择不易碰触猫须的口大且底浅的；
②吃的时候不会晃动，比较稳固的；
③不易繁殖细菌的材质（不锈钢、玻璃、陶瓷等）。

饲养多只猫咪的话，要按只数准备餐具。由于塑料制品容易滋生细菌，尽量避免。玻璃或陶瓷制品选择稍厚的不容易摔碎的。

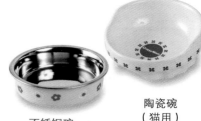

陶瓷碗
（猫用）

不锈钢碗
（猫用）

补充水分也很重要！

很多人认为：猫咪的祖先是生活在沙漠中的，所以猫咪仅需很少的水就能够生存下去并且能够通过猎物补充所需的大部分水分。此外，还有不少人认为"猫咪不怎么喝水"。

但其实对于猫咪来说，水也是身体里重要的营养元素。公猫的话要特别注意预防尿结石。平时要为猫咪创造一个容易喝水的环境。

每天所需的水量

猫咪的体重（千克）**× 60**（毫升）**＝所需水量**（毫升）

※但实际上很多猫咪都摄取不了这么多水分，所以可以测量一下猫咪健康时所需的水量。

＼ 例如： ／

● 食物旁边必放水；
● 随处设立饮水处。

不要给猫咪喝硬水

由于含矿物质多的硬水容易引发尿结石，所以不要给猫咪喝。一般的自来水就没问题，如果一旦出现断水等紧急情况的话，要给猫咪选用软水。

＼ 其他： ／

● 对于好奇心强的猫咪来说，可以把盛水的容器换成容易看清水波纹的玻璃容器；
● 对于喜欢流水的猫咪来说，可以使用自动供水器，这样猫咪会多喝水；
● 稍微花些心思比如夏天在水里加冰块，冬天喂它们温水等。

给猫咪更换食物要循序渐进

在猫咪小的时候要喂它们各种各样的食物来让其习惯，即便在幼猫时期，一旦更换了食物，猫咪也有可能就不吃食了。更换食物以1周为期限，在原来的食物里掺入新食物（每次增加10%~20%），然后渐渐提高新食物的比重。但有时候即便这样猫咪也会不吃，这时候有一个好办法就是把新食物弄成试吃时的大小喂给猫咪，看看它吃不吃。

➡ 猫咪喜欢的物品

猫咪也有喜欢的物品，一般为人熟知的有木天蓼、香草以及猫草等。然而，有的猫咪对这些感兴趣，有的则反之。此外，有的猫咪喜欢咬绳子、纸箱、毛线等物品或喜欢闻其气味。但是要注意不要让猫咪误食这些东西。

木天蓼

有粉末、枝干和果实。喜欢木天蓼的猫咪看到它就会兴奋地直流口水或咕噜咕噜来回打滚。给猫咪选用时最好选择非加工品、纯天然的。

猫草

在居家中心或花店可以买到，但是一定要注意选用没有使用农药的。想要在家栽培的话，也可以买来种子自己种植。

各式各样的零食

由于猫咪通过综合营养食物就能摄取足够的营养，所以标有"一般食物""副食"的零食原本是不需要的。但是想要奖励猫咪或者增进与猫咪之间交流的时候可以给它们一些零食。此外，零食也可以在猫咪短时间内食欲不振或不爱吃食时作为一种补充，只要热量不超标就可以。

一般食物

鱼骨或用牛、鸡的碎肉做成的罐头、小袋包装的食物等。

木鱼干

可以作为干猫粮的补充食物。

鸡肉

最好是把生的胸脯肉煮熟喂猫咪。

汤

把汤浇在干猫粮上猫咪会喜欢吃，或者想让食物变软容易食用时可以加入一些汤。

鱼肉

特别推荐烤熟的白身鱼。

鱼干

沙丁鱼、日本银带鲱的鱼干。最好选用添加物少的优质鱼干。

自制鱼干

将鱼肉或鸡肉弄碎加入牛磺酸制成的食物。

小点心

分成小份的干食物或半干食物。有按照效果分的"保护牙齿类""毛球护理类""保护关节类"点心。

➡ 猫咪饮食的禁忌

　　家中一些很常见的食材如果让猫咪吃了的话会严重危害其健康。另外，有些食物猫咪如果经常吃会引发过敏，所以一定要慎重。其中，要特别注意葱蒜类、巧克力和生猪肉。

葱蒜类

　　大葱、洋葱、蒜等。因其含有破坏红细胞的成分，给猫咪食用会引发贫血。可引发腹泻、呕吐、血尿，严重时可导致死亡。

牛奶

　　由于猫咪体内消化牛奶的酵素很少，所以牛奶会引起消化不良或腹泻。一定要给猫咪专用的牛奶。

巧克力

　　可可豆里含的可可碱会引发猫咪食物中毒，严重时可致死亡。咖啡豆也一样。

海苔

　　因为海苔矿物质含量高，过度摄取的话可能会造成猫咪矿物质摄取过剩。

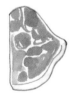

生猪肉

　　给猫吃生猪肉的话有感染一种叫做弓浆虫寄生虫的危险，所以一定要将生猪肉加热后再给猫咪食用。

狗粮

　　由于狗和猫需要的营养成分不同，所以给猫咪吃狗粮的话会造成营养不良。

不要把人的食物给猫咪吃

　　人们很容易经受不住爱猫死乞白赖的请求，把人吃的东西给猫咪吃。由于人吃的食物里含有调味料、盐、糖等，对于猫咪来说这些是过剩的，所以不能给猫咪吃。香肠、蟹棒等膏状物即便猫咪再喜欢也不要喂它吃。

　　要格外注意汉堡、汤里面有没有放葱。酒类自不必说，咖啡、红茶、茶里面含有咖啡因会引起食物中毒，一定不能给猫咪吃（喝）。

➡ 需要特别注意的植物

剪下的花、盆栽上面会有杀虫剂等农药残留，此外，一些植物本身自带的毒性也会引起猫咪中毒。所以装饰室内时一定要多加注意。

百合科

要特别注意百合科（风信子、芦荟、郁金香、铃兰等）。它们会造成猫咪呼吸困难、全身麻痹，严重时甚至会造成死亡。此外，球茎植物对于猫咪来说也很危险。

绣球花

会引发氰酸中毒。

秋海棠

刺激口腔，造成流口水、黏膜浮肿等。

月桂树

引发腹痛、呕吐、腹泻、流口水等。杜鹃花也会引发相同的症状。

常春藤等观叶植物

这种植物的叶子一般都有毒，猫咪一旦吃了会十分危险。常春藤的叶、茎和种子都很危险。

茉莉花

有导致散瞳（在明亮场所瞳孔也张开）的危险。颠茄也一样。

牵牛花

可能让猫咪产生幻觉。

一品红

食用其叶或茎的话口腔会剧痛，会导致皮肤溃烂。

\ 其他 /

仙客来、鬼灯檠、桔梗、映山红、唐菖蒲、水仙、瑞香、雏菊、杏树、李子树等。

为猫咪亲手制作猫饭

在猫咪生日或初次见面纪念日等特殊的日子里，怀着"一直以来谢谢你"的心情，为猫咪做一顿饱含爱意的饭吧。不少人对亲手做猫饭很感兴趣，但是由于猫饭看上去很难，一些人就望而远之了。实际上猫饭不用调味，做起来非常简单。需要注意不可以使用的食材，但不需要复杂的技术。

这里要介绍的是用相同的食材，甚至连事前准备都一样的，猫咪和主人的友好料理。还有只需在市场上销售的猫咪食物中添加一些原料，花很少时间就能做成的简易猫饭。无论哪种，相信猫咪都会喜欢。

我要开动啦~ ❤

作为奖励的健康猫饭

牛肉和煮菜

**富含丰富的肉碱和维生素，
吃完精神满满！**

小要点

苜蓿、香菜等植物对猫咪来说也有舒缓、安神等功效。由于猫咪对这类植物气味的喜好不同，所以如果猫咪不讨厌这类气味的话，可以尝试在食物中加入一点点。

● 做法

1　将胡萝卜、土豆、荷兰豆切成1厘米的小丁，牛排的中心用饼干模型弄出一个心形。

2　将蔬菜煮软，用叉子轻轻弄碎。*煮的时候不要放盐。

3　用平底锅将无盐黄油融化，将心形牛肉轻轻烤熟后切碎，然后和2混在一起，待凉些后盛出。

● 材料

牛肉 … 80克
胡萝卜 … 1根
土豆 … 1个
荷兰豆 … 3个
无盐黄油 … 10克

主人的饭

中间是空心形的牛排

　将中间是空心形的牛排撒上胡椒用黄油烤，在旁边配上煮菜。可以根据个人口味将牛排烤至几分熟。这道菜的重点在于分给猫咪吃的心形牛肉。

※所有食材都是一只猫咪的饭量。
※这说到底是为平时一直吃综合营养食物进行营养控制的猫咪准备的改善性食谱。如果想每天做给猫咪吃，一定要咨询宠物医生的意见。

鸡肉粥

**低卡路里高蛋白质
里面富含猫咪所需的氨基酸!**

● 材料

鸡翅尖 … 只有做汤时使用
鸡胸肉 … 1块
做熟的米饭 … 一大碗

● 做法

1 用鸡翅煲汤,在一碗汤中放入白米饭做成粥。注意:煲汤的时候不要放盐。

2 将鸡胸肉切成适合猫咪一口吃掉的大小,用滚烫的粥浇在上面使之半熟。

3 稍晾凉后盛出。

小要点

鸡胸肉最好和粥一起煮熟再喂给猫咪。

主人的饭

烤鸡翅、水芹汤

煲汤后的鸡翅用香味蔬菜和酱油腌渍后,浇上芝麻油烧烤。汤里加水芹和香味蔬菜小火慢炖,最后加胡椒、绍兴酒调味。

干蒸银鳕鱼 普罗旺斯杂烩

**富含牛磺酸,对眼睛有好处,
让循环器官更强大!**

● 材料

鳕鱼块 … 80克
普罗旺斯杂烩汁 … 2大碗(西葫芦、茄子、扁豆、胡萝卜、番茄罐头1罐、橄榄油1碗)

● 做法

1 将蔬菜切成1厘米见方的小丁,用油翻炒。
※茄科的蔬菜要炒透。

2 番茄弄碎放进锅里煮,做成普罗旺斯杂烩汁。
※不要加盐、薄荷和香料。

3 鳕鱼块用油烤熟后弄成小块,和2的普罗旺斯杂烩汁拌在一起盛出。

小要点

这个菜除了鳕鱼之外,还可以用其他任何一种鱼做。由于有的三文鱼、鳕鱼本身比较咸,所以给猫咪吃的话先用水把盐冲掉。

主人的饭

干蒸银鳕鱼和普罗旺斯汁

从给猫咪吃的普罗旺斯汁里分出一些,放入切成碎末的蒜、胡椒和酱油,煮一会儿。银鳕鱼撒上胡椒烤熟后,将普罗旺斯汁浇在上面。

与家人一起分享的友谊之饭

从主人的饭里边分出来一些食材，做成猫饭。

生鱼片、蔬菜泡饭

●材料
生鱼片 … 2块
西兰花、芜菁甘蓝、胡萝卜 … 各20克

●做法

1 | 蔬菜切成5毫米大小，煮熟。

2 | 将生鱼片切成适合猫咪一口吃掉的大小，将刚出锅的菜弄碎和刺身搅拌在一起，使生鱼片半熟。

烤牛肉与蔬菜

●材料
烤牛肉的中心部位 … 4片
※由于烤牛肉的外侧会沾上其他气味，所以用来给主人做沙拉。
萝卜和胡萝卜的细丝 … 一大勺
白米饭 … 一大勺
植物油 … 适量

●做法

1 | 将白米饭中加入1杯水和切成丝的蔬菜，熬成粥。

2 | 粥熬好后放入少量植物油搅拌，关火。

3 | 将烤肉切成适合猫咪一口吃掉的大小，与刚出锅的粥搅拌，稍凉后盛出。

猫点心——松软干酪

●材料
松软干酪 … 一大勺
虾、海苔 … 一小撮

●做法

1 | 将松软干酪控去水分，与剁碎的虾、海苔拌在一起，做成自己喜欢的形状。

小要点:
像黏土一样，可以用手做出形状可爱的点心。奶酪也可以给人吃，与果酱混合起来涂在面包上，还可以加入芥末和胡椒，做成下酒菜。

猫饭里不要放调味料！

做猫饭的基本准则是不放盐和糖。有一些原材料比如黄油、料酒本身就含有盐分，注意要使用无盐的。另外，猫饭和主人的饭一起准备的话，中途把猫咪那部分分出来，然后再加调味料。香料、香味蔬菜的处理方法和盐一样。

吃饱了~

简单手工猫饭

在平时嚼起来咯吱咯吱的饭里
加入鸡肉汤

● 材料
干猫粮 … 比平时量稍微少些
鸡胸脯肉 … 1/3块

● 做法

1 取半杯水，在水里放入切成粗丝的鸡胸肉，水开后小火约煮5分钟。

2 取出煮好的鸡胸肉，弄成小块后放在干猫粮上面。

3 最后浇上稍微晾凉的鸡汤。

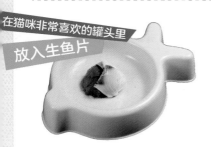

在猫咪非常喜欢的罐头里
放入生鱼片

● 材料
猫咪非常喜欢的罐头 … 小罐头的1/2
生鱼片 … 2块

● 做法

生鱼片放热水里焯一下，捞出后弄碎放入罐头里。

传统的
猫饭

● 材料
干猫粮 … 量比平时略少
白米饭 … 一大碗
鱼干 … 1小撮

● 做法

将热水浇到白米饭上，等米饭变成粥状后掺入干猫粮，盛出后在粥表面撒上鱼干。

秘诀是最开始只掺入"一点点"

　　传统猫饭的秘诀在于最开始只掺杂猫咪喜欢的东西，给它们尝一点点。由于味道、口感、一口的大小、有无水分、猫咪的喜好等各不相同，所以观察"我家的猫咪喜欢吃什么"也非常重要。如果看着猫咪吃的不是很香的话，可以尝试减少蔬菜或谷物的量，这样也许猫咪把食物吃完的概率会增加。

太好吃了！

要给猫咪足够的爱哦一

"猫咪经常呕吐" 是误解！

猫咪"呕吐"是有一定原因的，切不可自己做出外行的判断。

和猫咪在一起生活的过程中，它们有时候会在你不注意的时候呕吐。另外，有的人从爱猫的朋友那里听说"猫咪经常会呕吐"，认为这是正常现象，然后就不把这事儿放在心上，结果发现猫咪患了意想不到的疾病。

猫咪会出现"吐毛球"的情况，即吐出舔毛的时候不小心吃下去的毛块。其实正常情况下这些毛块应该经由消化器官随大便一起排出体外的，要认识到"呕吐"这种行为是有一定原因的。

但是"吐"也不能一概而论，有的是吃完东西后马上将其"吐出"，有的是伴有恶心症状的"呕吐"。呕吐也有各种各样的原因，如过敏反应或体内潜伏着内脏疾病等。作为一个外行人，请不要擅自进行判断，要掌握了解猫咪的呕吐物以及呕吐时的状况，及时带猫咪去医院接受检查。

观察猫咪呕吐时的侧重点

呕吐物
- 吐出来的物体（未消化的食物、毛球、胃液等）
- 吃的食物（食物的牌子）
- 接触有毒物体的可能性（化学物质或有毒的植物）
- 接触异物的可能性（线、针、玩具、猫草等）

呕吐的样子
- 呕吐前后猫咪的样子（是否精神委靡或有无食欲）
- 吐法
- 频率（次数）
- 时间段

呕……唔！

5

厕所

排泄，对于保持猫咪的健康来说，和饮食同等重要。
所以为猫咪准备一个舒适的厕所吧。

猫咪喜欢这样的厕所

什么样的厕所会让猫咪喜欢呢？猫咪对厕所环境要求很高，正因为如此，有以下需要注意的几点。

足够的**数量**

厕所放在能静下心来的场所

足够的**尺寸**

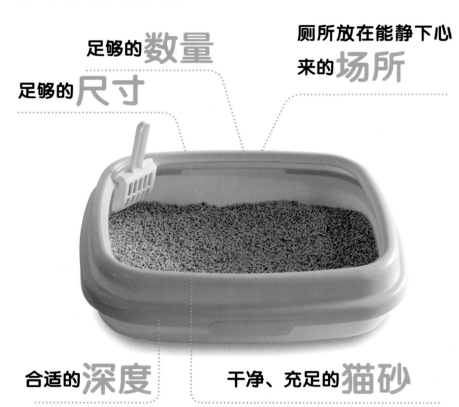

合适的**深度**

干净、充足的**猫砂**

有盖子的厕所

高度也很重要

如果是半圆形上面有盖子的厕所，其高度要保证猫咪上完厕所后不碰到头。厕所入口大小要保证猫咪容易进出，如果入口有门的话要注意考虑门是否容易开关。

厕所放置地点

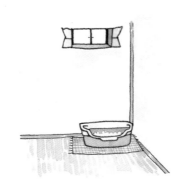

把厕所放在容易看到的墙角等处

猫咪在门口、人来人往的走廊等比较吵闹的地方会不安，所以要避免把厕所放在这些地方。为了方便打扫，易于发现排泄异常等，放在主人容易看到并且猫咪很安心的角落里比较好。

厕所数量

猫咪数量+1个

理想的厕所数量是猫咪的数量加1。如果有多余的厕所，那么主人不在家的时候，不用马上打扫厕所也有备用的。厕所有猫咪喜欢和不喜欢的，所以如果猫咪不上厕所，可能是因为它不喜欢。在了解猫咪的喜好之前最好准备多种类型的厕所，这样会更安心。

打扫厕所

最少也要早晚各打扫一次

如果排泄物的气味一直都在，猫咪会非常厌恶。所以要仔细打扫厕所，最好猫咪排泄完后马上打扫。最少也要早晚各打扫一次，时刻保持清洁。

营造良好的厕所环境

猫咪爱干净，对厕所要求也高。如果猫咪不喜欢或不能安下心来的话，它会忍着不上或去别的地方随便解决一下，所以一定要营造良好的厕所环境。

猫咪上厕所的时候会换好几个姿势，所以要准备一个可以让猫咪行动自如，能够灵活转身的大尺寸厕所。此外，猫咪喜欢在厕所里刨，为了防止刨的时候猫砂溢出厕所，厕所要有合适的深度。有的猫咪上厕所时喜欢把猫爪搭在沿上，所以要选择厚重、稳定性好的厕所。厕所不要放在人来人往的地方，要放在一个让猫咪安心的地方，并时刻保持厕所清洁。

➡ 厕所类型

猫咪的厕所有标准的箱子形，也有半开盖形和半圆形。为了让猫咪可以根据自己的喜好选择，最好准备几种类型的厕所。不管是哪种，一定要容易清洗，并时常保持干净状态。

箱子形

箱子形厕所是最流行的款式。猫咪在方便时喜欢把猫爪搭在厕所沿上，所以这种箱子型对猫咪来说很便利。由于没有遮挡部位所以方便检查猫咪的排泄情况，同时也便于打扫。但另一方面，由于厕所里面完全能看到，所以要选择一个好的位置放厕所，也要防止猫砂弄得到处都是，并且要做好气味处理工作。

开盖形

有带屋顶的半圆形和半开盖形厕所。半圆形厕所有不带门的和带门的。带门的厕所猫咪进入后会形成一个完全密闭的空间。这种厕所的优点在于猫砂不易弄得到处都是，气味也不易散发出来。但是，缺点是不容易确认猫咪的排泄情况。

＼ 其他 ／

其他还有不占空间的球形厕所、一周更换一次专用垫子的系统厕所和自动处理大小便的全自动厕所。

让厕所一个月晒一次太阳吧

室内饲养猫咪的话，厕所的气味让人烦恼。最好两周更换一次猫砂，一个月让厕所晒一次太阳。将厕所里的猫砂全部倒出，整个洗干净后放到太阳底下晒。这样不仅可以除菌，还能有效减轻厕所的味道。

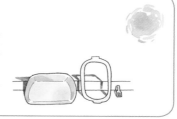

➡ 猫砂的种类

由于猫砂种类不同，气味、手感、打扫难易度等各不相同，所以主人们的喜好也因人而异。但是最能满足猫咪"想挖深一些，将自己的气味藏起来"的本能的是：有重量感，手感接近天然砂的矿物类猫砂。

矿物砂

以膨润土为主要成分，除臭力度强，吸水性好。由于手感接近天然砂，容易被猫咪喜爱。结团性好，据说是猫砂中最卫生的。作为不可燃垃圾，用过之后多半会被扔掉。缺点是比较重，不容易搬运，扔掉的时候也不方便。

纸砂

结团性好，有的纸砂吸收猫咪的小便后会变色，检查起来比较容易。可作为可燃垃圾扔掉，一般会随抽水马桶冲走。由于纸砂重量轻，购买、丢弃时容易搬运，但是容易四处飞散。为了防止细菌滋生，需要时常更换。

木砂

木砂以桧木等针叶木为主要成分，特点是会散发出木头的香气。除臭力强，有结团性好的和结团性不好的。可作为可燃垃圾扔掉，一般会随抽水马桶冲走。其中，市场上也会卖一些有机木砂，其除臭力强、抗菌性好、结团性好。

小麦砂

以小麦壳为主要成分的猫砂。可作为可燃垃圾扔掉，一般会随抽水马桶冲走。有小麦独特的香味。纯天然，用得安心，但是容易滋生细菌，用完一定要马上扔掉。如果猫咪吃这种小麦砂的话，就不要用了。

猫咪为什么要在排泄物上盖上猫砂？

排泄后在排泄物上盖上砂子，这一行为继承了在沙漠中生活的祖先们的习性，是猫咪所特有的。为了让敌人和猎物不发现自己的存在，猫咪会挖一个很深的洞，方便完后再用砂子盖上，猫咪具备"让自己的气味消失"的本能。不埋排泄物而挖洞的时候，通常是为了做标记。

训练猫咪上厕所

让猫咪知道厕所的位置相对来说比较简单。带它去铺好猫砂的厕所，一旦它在那里方便之后，下次就会自己过去上厕所。万一猫咪憋着不上厕所或是连续随地大小便，那一定是有什么原因，这时候一定要仔细检查。

哼哼　坐立不安

猫咪到处闻，看上去坐立不安的时候就意味着它想上厕所了。

带猫咪上厕所

带猫咪去上厕所，把猫咪放在猫砂上面。

随地大小便或者不想使用厕所的话

猫咪随地大小便或不想使用厕所的话，不能呵斥它们，因为这样只会起到反作用。猫咪表现出这种行为一定是有什么原因，所以一定要认真观察。如果怀疑猫咪有可能生病的话，马上带它去医院。

- 不喜欢厕所/猫砂/厕所位置
- 厕所数量足够吗？
- 厕所干净吗？
- （和其他猫咪合不来）厕所沾有其他猫咪的气味
- 生病的可能性（➡P64）等

咕噜咕噜咕噜

小要点

与猫咪保持距离，远远地观望

猫咪不喜欢被近距离盯着，所以在猫咪盖上猫砂从厕所出来之前要与其保持距离，远远地观望即可。

排泄

闻猫砂的气味，做出像刨似的动作后排泄。

盖猫砂

闻完排泄物的气味后盖上猫砂。

清理

确认猫咪从厕所出来后清理排泄物。

从上厕所观察猫咪的健康状况

便便的形态和猫咪上厕所前后的行为，对于了解猫咪的健康状况来说是非常重要的信息。猫咪要上厕所时不要忘记细细观察。

什么样的小便/大便才是理想状态？

排泄物因猫而异，首先要了解猫咪平时的排泄量和次数、大便的形态和气味。猫咪上厕所后要检查便便是不是和平时一样。要是有什么异常的话，可能是膀胱炎或肾脏、消化器官等的疾病征兆。

➡ 健康的小便

虽说成年猫一般一次尿40~50毫升，一天2~3次，但测量猫咪的尿量非常难。平时数一下1天中结团的猫砂或留意一下猫砂的状态相对来说比较容易。

这样的小便要特别注意！

● 和平时不同，有让人讨厌的气味

● 结团比平时大/小

● 同样的猫砂，结团性变差了

● 小块块状的物体变得明显了

● 可以看到亮晶晶的结晶

● 严重时夹杂着血等

➡ 健康的大便

正常情况下每天排出成形的4~5厘米的便便。理想状态的便便颜色一般是浓茶色，用筷子能够夹起来的软度，带有一定水分使猫砂能够沾满便便。

这样的便便要特别注意！

● 和平时不同，有让人讨厌的气味

● 颜色和平时不同，发黄

● 干燥，结块状

● 腹泻

● 夹杂着血等

☑ 检查猫咪上厕所前后的行为

猫咪的健康情况也表现在上厕所前后的行为上。每次猫咪去厕所都要装作诺无其事的样子暗中观察，看看有无异常。连续48小时以上不尿尿的话就是有异常，甚至可能是尿毒症，严重时会导致死亡。特别是公猫，一旦出现尿道闭锁情况的话就会非常严重，所以一旦察觉异常的话要马上带它去医院。

☐ 上厕所但是不排泄

☐ 上厕所的次数多/少

☐ 上厕所的时间长

☐ 排泄过程中很痛苦地叫

☐ 排泄完后呕吐等

频繁舔屁股/用屁股蹭地板的话：

可能是由于肛门腺堵塞

猫咪肛门两侧有被叫做"肛门腺（囊）"的臭腺（狗也有），里面有能放出恶臭气味的分泌物，猫咪在兴奋或排泄时会将其定期排出。但是，猫咪上年纪后不能将其顺利排出，一旦肛门腺液积累，猫咪会感到不舒服，会频繁舔肛门或用屁股蹭地板。察觉到猫咪身上有恶臭或看到猫咪有上述动作时，要及早带猫咪去医院就诊（一旦堵塞，要挤压肛门腺进行清洁）。如果不及时排出的话会引发肛门炎（P119），严重时可造成肛门破裂。

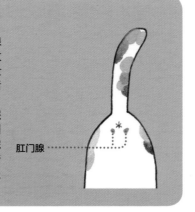

肛门腺 ┄┄┄

➡ 猫咪尿液的采集方法

猫咪容易患肾病，随着年龄的增加去医院验尿的次数也会增多。大便比较容易采集，但是尿不易采集，需要花点工夫。

用圆勺采尿

猫咪开始排尿时，悄悄在后面用圆勺接住，采尿。注意不要碰到猫咪的身体以免引起反感。箱形厕所采尿较容易。

\ 其他 /

用保鲜膜或塑料袋采尿

有一种方法是在猫砂上面铺上保鲜膜或塑料袋采尿。如果猫咪感到和平时不一样，有违和感的话就需要费一番工夫了。

需要一起合作呢

6

猫咪的房间

对于室内饲养的猫来说，住所是它们要度过一生的地方，
是非常重要的空间。
营造一种充分满足猫本能的环境会大大提升猫咪的幸福指数。

猫咪喜欢这样的房间

猫咪喜欢的房间是什么样的呢？即便是室内饲养，只要肯下工夫，就能营造一种与猫咪习性相吻合的满足猫咪本能的空间。那么，要想营造这样一个房间，其关键点在于什么呢？

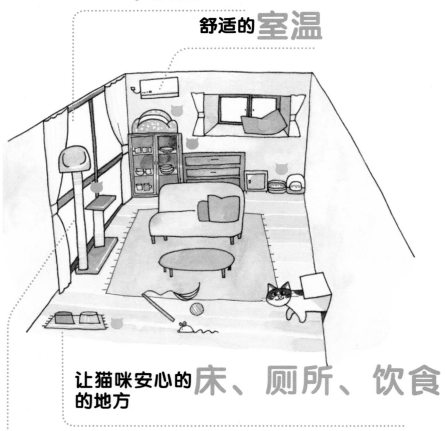

充足的**光照**

舒适的**室温**

让猫咪安心的**床、厕所、饮食**的地方

标记（猫咪头像）的几处

能够让猫咪运动的**高低差**

标记（猫咪头像）的几处

有创意!
一起来看看猫小1的房间吧!

1. 猫台阶 / 收纳架可兼做猫台阶。一个小洞也会让猫咪好奇的不得了。
2. 猫塔 / 可以让猫咪爬上爬下，释放压力。
3. 梁 / 可以作为猫咪的专用通道。对于喜欢高处的猫咪来说是非常棒的游玩场所。
4. 猫床 / 安装在窗子附近墙壁里的专用床还可以兼做台阶用。
5. 木甲板 / 防止猫咪逃跑的带栅栏的木甲板，可以让猫咪尽情呼吸外面的空气。
6. 猫洞 / 有个只有猫咪才能通过的猫洞的话，就不用担心它被关住了。
7. 厕所 / 放在水龙头下面的话会易于打扫。
8. 饮食的地方 / 少吃多餐的猫咪会喜欢这种能随时吃喝的场所。

理想状态是打造一个让猫咪的本能得到满足的空间

猫咪主要通过上下运动来释放压力。比较狭窄的空间里如果放一个猫塔或在家具上花点心思，让家具的摆放高低有致的话，就会变为非常不错的攀登架。另外，猫咪也非常喜欢看着外面晒太阳。在窗边放一个猫塔，如果猫咪可以看到外边的话，它会觉得更刺激。此外，要是有透明橱窗的话，可以把床放在里面，这样猫咪就透过橱窗看到外面。床最适合放在高处或看不到的地方。厕所和饮食的地方不要妨碍人们行动，最好放在让猫咪安心的房间的角落或墙壁边上。饲养多只猫咪的情况下，让其不要互相干涉地盘，按照猫咪的数量准备床、厕所和餐具。

根据季节变化改造猫咪的房间

虽说是室内，过热或过冷的话猫咪会感到不舒服。想让猫咪在四季都能舒适地生活的话，要根据不同季节营造相应的环境。

夏天室温控制在27℃以下，冬天21℃以上

猫咪和人一样，温差会使其产生压力。特别是夏天和冬天，做好充分的温度管理非常重要。利用空调、季节性物品来为猫咪消暑、御寒吧。

夏天室温要控制在27℃以下。室温超过30℃可能引发猫咪中暑，严重时甚至危及生命，所以夏天外出时门窗紧闭是非常危险的行为。冬天21℃是理想状态。但是，在密封性好的高层建筑或公寓内，为了让猫咪取暖，可以安装一个猫咪专用的暖炉，或把热毯子或宠物用垫子铺在猫床上。夏天和冬天的共通之处在于：由于猫咪会自己寻找舒适的地方，所以最好不要把猫咪关在一个空调吹得很足的地方，要在家里创造几个舒适的地方供它选择。

① 27℃以下
② 在空调风吹不到的地方放猫塔/床
③ 门稍微打开一点
④ 凉垫等

① 21℃以上
② 在暖和的地方放厕所
③ 加湿器
④ 在阳光能照到的地方放床
⑤ 热毯子或猫咪专用暖炉
⑥ 门稍微打开一点等

＼ 夏天有用的物品 ／

凉飕飕的舒适凉垫

凉飕飕的凉垫

这种凉垫是用一种一摸就会感到凉飕飕的纤维做成的。除此之外，还有用热传导性高的铝制成的凉垫以及含有保冷剂的凉垫。

＼ 冬天有用的物品 ／

宠物的梦想暖炉

猫咪专用暖炉等

比人用的温度要低，大概维持在30℃左右，这个温度适合猫咪取暖。

➡ 床的种类

在猫咪休息的地方放上一张床的话它会更安心。家中最好有几处"猫咪的专属地"。作为主人的你，首先要做的就是看看你的猫咪喜欢什么样的床吧。

垫子型
软绵绵垫子

桶型
钻进去鼓鼓的
睡袋

圆顶型
圆顶床

＼ 其他 ／

地藏型或吊床型床

亲手制作的床

有的猫咪喜欢在空箱子里铺上一层毛毯做成的床。如果自己制作床的话可以随意定制，脏了的话也可以更换，可谓一石二鸟。

欢迎光临！要喝点茶吗？

➡ 磨爪工具的种类

猫咪通过磨爪不仅可以磨掉旧指甲，还可以用来做标记，这是猫咪每天必不可少的功课。为了防止猫咪把家具、墙壁弄得破破烂烂，要在多处放上猫咪的磨爪工具。

＼ 其他 ／

硬纸箱材质　　**麻制品**

木制　　**地毯材质**

磨爪工具还有猫塔一体型、带玩具的旗杆型、厕所型等多种类型。

猫咪单独在家的时候

如果做好十全准备的话，让猫咪自己留在家是一件比较容易的事。
首先要确认好安全措施，然后准备好足够的食物和厕所再出门。

做好安全对策，准备足够的食物

为了让猫咪无压力，多费些心思

➡ 至少要注意以下几点

准备足够的食物&饮水处

如果有电动自动喂食机、自动喂水机的话会很方便，但为了以防停电，可以使用不用电的、可按照重量自动喂食、喂水的机器，这样会更放心。饮水处一定要多放些水。由于湿猫粮容易腐烂，不要作为储备食物。

增加厕所数量

厕所也要比平时多放几个，至少要多放1个。也可以准备能自动打扫的厕所。

保持舒适的室温

特别是夏天和冬天，为防止主人不在家时室内温度急速上升、下降，可以打开空调等进行温度管理。

只要做好万全的准备，就没问题

由于猫咪原本就喜欢单独行动，所以自己在家也没问题。

只要做好准备，最长一个晚上让猫咪自己在家是没问题的。如果主人2天以上不在家的话，可以拜托猫咪习惯的家人或信赖的朋友一天来看猫咪一次。也可以将猫咪寄养在宠物旅馆或宠物医院，但由于猫咪不喜欢环境改变，所以在家的话猫咪才没有压力。

但是，如果猫咪有老毛病或身体不舒服的话，寄养在医院会比较放心。

☑ 出门前要确认！

☐ 猫咪的身体状态没问题吗？（不放心的话可以寄养在宠物医院）

☐ 准备了足够的食物和水吗？

☐ 厕所的数量足够吗？（是不是干净呢）

☐ 室温合适吗？

☐ 不使用的电源线拔掉了吗？

☐ 可能被咪猫拿来捣乱的东西都收好了吗？

☐ 厨房周边和浴室的安全确认

主人您慢走

长期不在家的情况

托人照顾猫咪的话，要事先把猫咪的饭量、打扫厕所的方法、紧急联系人以及宠物医院等的信息告知被委托人。提前让被委托人来家里见见猫咪，这样可以让被委托人更容易地了解猫咪的性格和平时的样子。

● 让家人或熟人照顾猫咪
● 把猫咪寄养在家人或熟人那里
● 把猫咪寄养在宠物旅馆
● 把猫咪寄养在宠物医院

猫咪走丢了怎么办？

不要慌，如果是走丢数日之内的话，先仔细在附近寻找

一个不留神猫咪走丢了！该怎么办？首先要拿着宠物箱和猫咪喜欢的零食去附近仔细寻找。因为第一次去外面的猫咪会很胆怯，它们会躲起来，所以走失数日之内的话，它们走远的可能性不大。一旦找到猫咪，你自己一定不要慌，要沉住气。如果让猫咪看到你非常兴奋的样子，它会更加害怕，最糟糕的情况是可能不再接受你的喂养。

如果找不到的话去附近的宠物店、宠物医院、警察局、动物协会询问。请附近的店帮忙张贴写有"猫咪的照片、外貌特征、名字、年龄、走失时间、联系方式"的寻猫启事，利用网络论坛等寻找也是有效的方法。此外，可以在猫咪比较活跃的夜间或黎明再次寻找。

注意平时不要随便开着窗户、阳台和门，可以安装栅栏或防护网以防走失，为了以防万一，还可以给猫咪带上姓名住址牌或植入微型芯片。

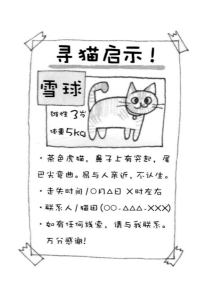

寻猫启示！

雪球

雄性 3 岁
体重 5kg

· 茶色虎猫，鼻子上有突起，尾巴尖弯曲。易与人亲近，不认生。
· 走失时间 /○月△日 X时左右
· 联系人 / 猫田 (○○-△△△-XXX)
· 如有任何线索，请与我联系。
万分感谢！

7

身体接触

要加深和猫咪的关系，平时的身体接触尤为重要。
适度的身体接触有助于缓解猫咪的压力、维持身体健康。

咕噜咕噜

猫咪喜欢这样的身体接触

"抚摸、抱、玩耍"这些身体接触是和猫咪非常重要的交流方式。请掌握好要点，把握好时机，增进和猫咪之间的感情吧。

抚摸

猫咪不断蹭你或边叫边盯着你的时候表明它们想让你爱抚。猫咪喜欢让人抚摸自己不容易舔到的下巴下面、脖子和腰部，但由于猫咪的脚尖和尾巴比较敏感，抚摸的时候要注意。如果猫咪表现出不满的样子，一定要马上停止抚摸行为。

猫咪喜欢被抚摸的部位

- 下巴下面
- 脖子
- 脸、额头
- 腰 等

把握好时机

温柔地抚摸猫咪、抱着猫咪，和猫咪一起玩耍……如果不和猫咪一起生活的话，很难体会到这些乐趣。适度的身体接触不仅可以增进和猫咪之间的感情，还能帮助猫咪缓解压力，并且有助于及早发现疾病，这是了解猫咪的非常重要的方式。

要掌握以下要点，即：猫咪想要被爱抚的时候会主动向主人靠近。不要在猫咪睡觉时或享受个人时光时强迫地抚摸它。此外，有时候猫咪满足之后，会立马从撒娇的态度转变为"放开我"这种冷淡的态度。所以不要一直抚摸，意识到它想要停止的时候就马上停手。

抱

　　并不是所有的猫咪都喜欢被抱着，所以如果猫咪不喜欢的话不要勉强。对于警戒心很强的猫咪来说，它们容易把抱理解为"捕获、束缚"。抱猫咪时不要突然一下抱起来，首先要将手溜到猫咪的腋下，轻轻抬起猫咪的上半身，如果猫咪没有反抗，就用手从后边托起屁股转个圈将猫咪单手抱在怀里，这样猫咪整个身体被包住，会安心。

猫咪的以下行为表示让你住手

- 要抱的时候猫咪
  身体僵硬/发怒
- 腿乱蹬
- 尾巴胡乱摇摆
- 乱动乱蹬

玩耍

　　猫咪即便是长大后也喜欢玩耍。激发狩猎本能的玩耍不仅有助于缓解运动不足，还能促进和主人之间的交流。猫咪只要集中一段时间玩耍即可，所以一天可以陪它好好玩15～30分钟。一起来掌握点燃猫咪猎人之魂的动作吧。➡**P80~**

➡ 玩具种类

　　猫咪玩具的种类多种多样，有猫咪自己玩耍的玩具，也有和主人一起玩耍时用的玩具。这些玩具分开使用的话，就会增加很多种玩法。

猫咪自己玩耍的玩具

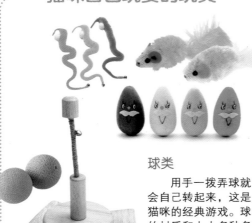

老鼠之类的玩偶

　　不愧是猫咪的猎物，猫咪看到老鼠之类的玩具会很兴奋。抓、咬、扑、跑，通过模拟狩猎来缓解压力。

（"沙漠中的舞动之虫""肉垫悄无声息！老鼠吱吱叫""不倒翁"）

电动玩具

　　通过电控制玩具运转，不会让猫咪感到无趣。适合精力充沛的猫咪在家中尽情地玩耍。

（"抓住我，如果你可以"）

球类

　　用手一拨弄球就会自己转起来，这是猫咪的经典游戏。球的材质和大小多种多样，选择猫咪喜欢的。

（"球类游戏 色彩斑斓""木制猫咪 圆球滚滚"）

猫爬架

　　猫咪不仅可以在猫塔上像爬树似的上蹿下跳，还能在平时把猫塔当成眺望台使用。猫爬架种类多样，有摆放在地上的，有吊起来的，还有带磨爪工具和房间的。

（"木制室内竞技场 3D"）

隧道

　　隧道对于喜欢洞穴的猫咪来说是非常合适的玩具。猫咪自己可以钻进钻出地玩，如果在隧道的出入口处露出玩具的话会让它们非常兴奋。

（"居家宠物必备 模拟隧道"）

木天蓼玩具

　　玩具中含有木天蓼或猫萝卜的玩具。对于喜欢木天蓼的猫咪来说，只要闻到这种气味就会变得兴奋，容易进入兴奋模式。

（"木天蓼玩具"）

和主人一起玩的玩具

逗猫草

逗猫棒的顶端可以绑上各种各样的玩具，根据摆动方式不同可以有很多种玩法。也有钓鱼竿类型的。让猫咪多跳跳可以使其更有活力，缓解压力。

（"蹦跳跳""蜻蜓逗猫杆""长尾球"）

激光逗猫棒

用激光逗猫棒在白墙上打出光，让猫咪追着玩，像是在追昆虫一样。这个玩具可以让主人花最小的力气使猫咪变兴奋。

（"LED激光逗猫棒"）

发条式玩具

这种玩具靠发条启动，能再现老鼠敏捷的动作。这无疑会进一步点燃猫咪的狩猎本能。

（"暴走老鼠"）

手套型玩具

用木天蓼制作的手套型玩具。由于猫咪喜欢咬东西，所以为避免被咬伤，不能光着手和猫咪玩。带上这个手套就可以安心玩耍了。

（"猫咪大爱 木天蓼手套"）

喜欢看电视的猫咪

对于喜欢看电视的猫咪，推荐给它们看适合猫咪观看的DVD。里边收录了鸟戏水、鸠散步、老鼠/仓鼠四处玩耍等猫咪喜欢的画面。主人外出时可以设定好时间让猫咪观看，这也可以作为主人外出，让猫咪自己在家的一个对应方法。

※猫咪兴奋了会爬上电视，注意不要让猫咪把电视弄倒。

猫咪喜欢的摆动方式

　　用逗猫棒逗猫咪玩耍的时候，如果只是单纯地晃动逗猫棒，猫咪是不会喜欢的。要尽情发挥你的想象力和技术，将逗猫棒摇摆成小动物运动的样子，这样猫咪才会玩得尽兴。

➡ 像小鸟一样摆动　　　➡ 像老鼠一样摆动

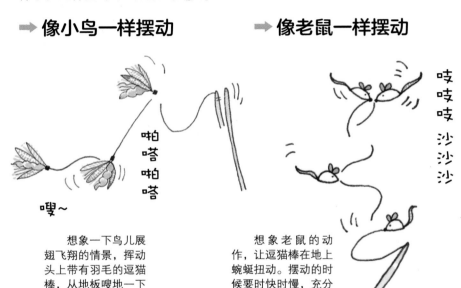

啪嗒啪嗒

嗖～

吱吱吱
沙沙沙

想象一下鸟儿展翅飞翔的情景，挥动头上带有羽毛的逗猫棒，从地板嗖地一下挥舞到空中。

想象老鼠的动作，让逗猫棒在地上蜿蜒扭动。摆动的时候要时快时慢，充分模拟老鼠的动作。

模拟猎物的动作

　　猫咪的所有游戏都是围绕狩猎的模拟体验展开的。"追赶、跳跃、握拳、捕捉、啃咬"等动作都是猫咪与生俱来的作为猎人的习性。为了满足猫咪的这些本能，需要重现作为猫咪猎物的老鼠、小鸟、虫子等的动作，通过用逗猫杆模拟这些动物的动作重燃猫咪的猎人之魂。由于猫咪是一气呵成，在短时间内捕获猎物的潜伏型动物，所以陪猫咪玩耍时也最好集中一段时间，每天15~30分钟即可。

　　此外，猫咪也很擅长一个人玩耍。猫咪在半夜会经常兴奋地来回乱跑，爱猫人士之间称其为"夜晚的大运动会"，而在美国，人们把这种情况叫做"疯狂的30分钟"。这对于猫咪来说是最佳的缓解压力的时间，也是健康的证明。

➡像虫子一样摆动

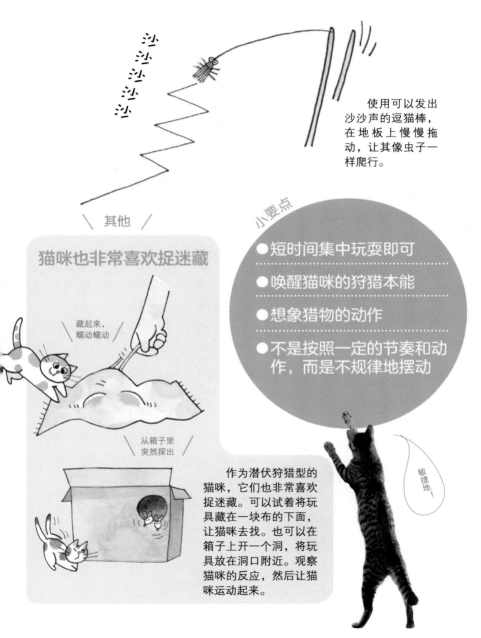

沙沙沙沙沙

使用可以发出沙沙声的逗猫棒，在地板上慢慢拖动，让其像虫子一样爬行。

\ 其他 /

小要点

猫咪也非常喜欢捉迷藏

藏起来，蠕动蠕动

从箱子里突然探出

●短时间集中玩耍即可

●唤醒猫咪的狩猎本能

●想象猎物的动作

●不是按照一定的节奏和动作，而是不规律地摆动

敏捷地！

作为潜伏狩猎型的猫咪，它们也非常喜欢捉迷藏。可以试着将玩具藏在一块布的下面，让猫咪去找。也可以在箱子上开一个洞，将玩具放在洞口附近。观察猫咪的反应，然后让猫咪运动起来。

给猫咪按摩的方法

适度的按摩对猫咪来说也会缓解压力，增进健康。确认猫咪没有"厌烦的表情"后延长身体接触的时间，轻轻刺激猫咪的穴位和经络。

各种各样的疗效

近几年，宠物医疗中的针灸、按摩等东方医学疗法受到越来越多的关注。就像人通过按摩放松、调理身体一样，猫咪通过全身按摩不仅能够缓解压力、增进健康，还能促进身体机能活性化、预防疾病，甚至有助于及早发现疾病，辅助治疗。此外，最重要的是，无论是对猫咪还是主人，通过身体接触能够实现精神放松，这也是按摩的魅力所在。

穴位能够反映出疾病

东方医学认为，人的体内有人眼所看不到的"经络"贯穿其中，经络里有一种被称为"气血"的生命之能源。"气"掌管疾病的抵御和新陈代谢，"血"和西洋医学中的血液相似，向各细胞输送营养。气血阻滞即疾病，这时候刺激经络上的"穴位"能够改善气血阻滞，促进血脉流通。

穴位上布满很多末梢血管和神经末梢，不仅可以反映出潜在的疾病，也是治疗的关键所在。

➡ **穴位一览**

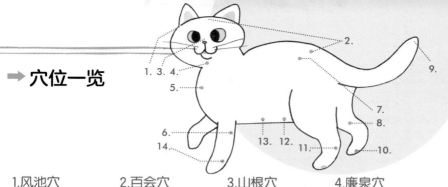

1.风池穴
位置● 左右耳朵后面。
功效● 缓解发冷、发热等感冒初期症状、眼疾、咽喉疼痛等。预防感冒。

2.百会穴
位置● 头颈部、腰部最宽的骨头和背骨相交处凹下去的部位。
功效● 增强免疫力，消除烦躁。

3.山根穴
位置● 鼻子上长毛和不长毛的交界处。
功效● 缓解流鼻涕、鼻塞症状，防止受惊，缓解中暑等症状。

4.廉泉穴
位置● 下巴下面的穴位。
功效● 缓解咳嗽、喷嚏等感冒初期症状，预防糖尿病、舌头疾病，是治疗呼吸道疾病的主要穴位。

5.肩井穴
位置● 左右肩关节前下方的穴位。
功效● 前腿、肩膀的神经麻痹，肩膀扭伤，直接对肩膀的肌肉、关节起作用。

6.曲池穴
位置● 肘关节弯曲时皱纹外侧的穴位。
功效● 缓解喉咙、牙齿、眼睛疼痛、前腿麻痹、腹痛、发热等，是治疗肩膀酸痛的特效穴位。

7.肾俞穴
位置● 最后一根肋骨的偏后方，背骨两侧凹下去的地方（左右各一处）。
功效● 促进肾脏、泌尿器官、生殖器的活性化。

8.三阴交穴
位置● 左右后爪跟和膝盖的中间内侧。
功效● 预防绝育手术造成的肥胖，有利尿作用，缓解咽喉肿痛等。调节荷尔蒙平衡。

9.尾尖穴
位置● 尾巴尖处。
功效● 缓解发热等感冒初期症状，促进肠胃蠕动，缓解中暑症状等。改善感冒引起的消化问题。

10.涌泉穴
位置● 后脚最大的肉球上。
功效● 预防虚胖、泌尿器官疾病。强化肾脏和膀胱机能，促进排尿。

11.安眠穴
位置● 顺着后腿肉球往脚后跟摸，突然凹下去的地方。关节正前方。
功效● 缓解压力，安眠的特效穴位。

12.丹田穴
位置● 肚脐附近。
功效● 消除烦躁，预防消化、泌尿类疾病。

13.中脘穴
位置● 胸口窝和肚脐之间。
功效● 缓解饮食造成的肥胖，预防压力性过度饮食、食欲不振、消化不良、急性肠胃炎等。

14.神门穴
位置● 左右前爪腕处肉球下面的穴位。
功效● 预防便秘、失眠等。该穴位作用于脑，寻求内心安宁。

※人体内沿14根经络约有360个穴位。虽然根据身体形状和大小之差穴位略有不同，但是狗、猫和人的穴位数几乎相同，位置也基本一样。

按摩时的注意事项

猫咪和主人都放松的时候再按摩
　　猫咪撒娇的时候是按摩的好机会，猫咪睡觉的时候不可。

不要刮到猫咪的皮肤，事先剪好指甲
　　可能的话也给猫咪剪指甲，这样更放心。摘下戒指、手表等。

按摩时要避开饭前、饭后
　　和人一样，为了保证消化器官供血充足，饭前饭后不宜按摩。

每天15～30分钟
　　即便不够15分钟，如果猫咪表现出厌烦的话要马上停止。

如果猫咪在治疗疾病或伤口期间，能否按摩要询问过医生的意见后再进行

➡ 基本的按摩手法

主要的按摩技术有6种。根据穴位的位置和种类,指尖和整个手掌相互配合,轻轻地抚摸。猫爪之间很窄的地方,用棉棒或发卡的圆头部分按压穴位的话,会非常方便。

按摩时的力度可根据自己做按摩时的力度进行把握。猫咪表现出"不耐烦的表情"时,停止按摩。揪猫皮时可能会担心"猫咪会不会很疼",要知道猫咪的皮肤比人更结实,更有弹性,多少用点力气揪也没有问题。如果还是担心的话,就先揪揪自己的皮肤,确认合适的力度后再在猫咪身上进行尝试。捏住一点皮按摩的话会很疼,所以按摩的时候要多捏住一些皮。

● 梳理

手呈梳子状,顺着猫咪的毛用手掌和手指轻轻抚摸。开始时慢慢抚摸,猫咪习惯之后加快速度。

● 圆圈按摩

形状像写日语的字母"の"一样,在猫咪身上画圈。先顺时针再逆时针。下腹等面积大的部位用食指和中指,窄的部分只用食指即可。

● 指压

边数"1、2、3"边用大拇指指腹按压。数到3的时候，用的力度要让猫咪感到既疼痛又舒服（力度用厨房用的秤来表示的话，大概是200～1000克），保持3秒。数"3、2、1"，渐渐减小力度。这套动作重复4～5次。

● 揉

用拇指和其余4根手指，夹、揉、拽。这个手法适合按摩脖子、肩膀、脚尖时使用。

● 拧

把皮拽起来拧。和轻轻拧毛巾感觉相似。压下去，提起来，渐渐加强力度揉捏。

● 拉伸

把皮向上拉伸的动作。每一处拉伸10秒左右。后背等面积大的地方用5根手指，腿、脸等面积小的地方用2、3根手指。不要用指甲，要用指腹进行按摩。

如果猫咪不喜欢被抚摸的话

平时和猫咪认真进行身体接触，让猫咪习惯被抚摸。从向猫咪传达被抚摸的好处开始。实在没有办法的时候可以试着一边喂它们点心一边抚摸，让它们认为被抚摸了会有好事发生。不要突然从腹部或脚尖开始，要从猫咪容易感到舒服的下巴下面或后背慢慢循序渐进，切不可强来。猫咪不喜欢了要马上停止。

➡ 按症状按摩实践篇

肩膀酸痛

● 起作用的经络和穴位

据说猫咪肩膀酸痛起来比人更严重。为什么这么说，首先根据解剖学来看，由于猫咪四条腿走路，前腿负担重，加之负责连接身体和前腿的器官只有肌肉，容易造成肩膀酸痛。此外，近年来由于压力等生活习惯造成肩膀酸痛的情况也渐渐增多。在这里，为大家介绍一下通过按压两个穴位来缓解肩酸的按摩方法。

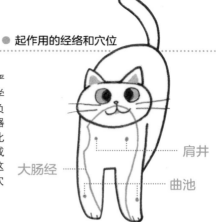

大肠经

肩井

曲池

首先，用手像梳子一样给猫咪梳毛。

从后面用四根手指按压肩井穴。

肩井

用手指按压曲池穴。

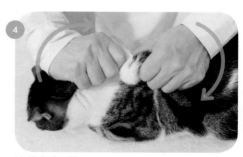

拉伸肩膀+拧。

缓和紧张感

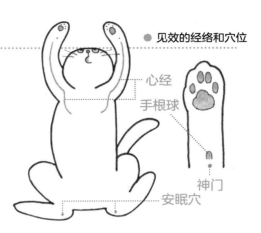

● 见效的经络和穴位

心经

手根球

神门

安眠穴

作用于大脑，能够使身心安定下来的"神门""安眠穴"对于缓解由于客人或新猫的到来等受到前所未有的刺激、产生紧张情绪的猫来说很有效。分别按压这两个穴位。特别是安眠穴，顾名思义，能够让猫舒适地睡眠。猫过于紧张睡不好觉时可以试试。

● **神门**

用手指按压前爪肉球下面的穴位。使用棉棒的话按压起来比较容易。

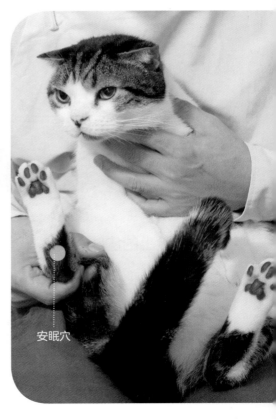

安眠穴

● **安眠穴**

人的安眠穴在脚踝后面的位置。用手指按压脚踝凹下去的部位。

消除不安

　　能够有效消除不安的代表穴位是"丹田"。丹田确切地说并不是穴位而是部位的名称。这里是不安聚集的部位，所以要怀着让不安消解的目的去按摩。

　　拉拽脸上的皮肤也很有效。面部表情和感情密切相关。和人一样，猫咪如果一直不安的话也会表现在脸上。这时候，要通过拉拽，在它们脸上做出很开心的表情。医学研究表明，即便是做出来的笑脸，只要让面部表情开朗也会对健康有好处。猫咪也一样。

心经

丹田

● 丹田

　　肚脐（腹部中间凹下去的部分）下方，怀着让不安消解的目的慢慢画大圆圈进行按摩。

● 拉拽脸上的皮肤

　　抓住耳根附近松弛的部分，向后拽。这时候如果主人自己也绽放笑容的话会更有效果。猫咪的皮肤伸缩性很好，所以即使拉伸一些也不会感到疼痛，但是如果猫咪不喜欢的话要马上停止。关键在于猫咪"有没有表现出不愿意的样子"。

减肥

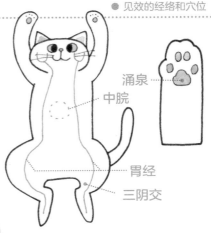

见效的经络和穴位

涌泉

中脘

胃经

三阴交

猫咪的肥胖大致可以分为三类：饮食不当造成的肥胖、水肿（新陈代谢不好，多余的水分积聚在体内无法排出）造成的肥胖、绝育手术造成的肥胖。根据肥胖原因不同，起作用的穴位也不同。对应的穴位分别为"中脘""涌泉""三阴交"。"脘"在中医学中指腹部，相当于胃（胸口窝和肚脐之间）的上面。

● 中脘

按摩此穴位对于因饮食不当造成的肥胖很有效。有助于促进胃肠蠕动，控制食欲。用手掌在胸口窝和肚脐中间画"の"进行圆圈按摩。

● 三阴交

调节荷尔蒙分泌，缓和因绝育、去势手术引起的肥胖。该穴位在连接膝盖和脚踝的线上，用手指按压下方2/5处。

膝盖

脚后跟 三阴交

● 涌泉

该穴位有助于强化肾和膀胱的机能、利尿、消除水肿。用手指按压后脚掌上最大的肉球。按的时候要确认猫咪没有表现出不耐烦的样子。

长寿

猫咪想要长寿，身心都健康非常重要。经常按摩百会穴有助于健康长寿。"百"意为"数量多"，汇集了很多经脉，就像是公交总站一样的存在。该穴位对所有的疾病都见效，被视为万能穴位，尤其有助于增强免疫力。其次是肾俞。肾俞的"肾"指有助于提升肾脏机能，中医认为肾脏结实的话就会健康、长寿。由于猫咪容易患肾脏、泌尿器官之类的疾病，所以预防这些疾病也就有助于长寿。

百会

肾俞

肾经

● 百会

位于头顶部和腰部（本次介绍头部的百会穴）。用拇指按住穴位，向左右耳朵方向按摩。

● 肾俞

该穴位有助于提高肾脏机能，增强精力。肾俞位于最后面肋骨的根部，背骨隆起部位的左右两侧。左右同时按压、揉捏。

猫咪感冒

如果猫咪感冒，主人认为只不过是感冒不予以重视的话，有可能会发展成慢性病甚至引发重大疾病。为了避免病情加重，要尽早采取对策。对感冒起作用的穴位之一就是风池穴。风池正是风之魔聚集之地，按摩此穴位能够使风之魔退却。除此之外，还有利于止咳的"廉泉穴"，治疗鼻涕、鼻塞的"山根穴""尾尖穴"等穴位。

● 见效的经络和穴位

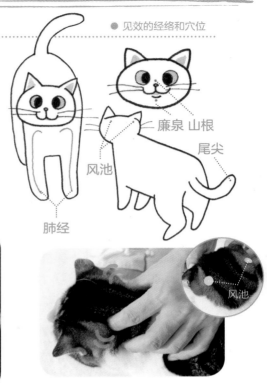

廉泉 山根

尾尖

风池

肺经

● 廉泉

用一根手指按摩颌骨下方的廉泉穴。

● 尾尖

尾巴尖上的穴位。用一只手握住尾巴根并固定，用另一只手的三根手指揉捏尾巴尖。穴位的位置和猫咪尾巴的长短无关。

● 风池

位于脖子根、耳朵后面的穴位。揉捏风池穴可以把体内不好的气发散出去。

● 山根

从鼻子上不长毛的部位开始到眉毛之间是山根穴。用手指尖轻柔地在山根穴上上下移动。

带着猫咪搬家怎么办?

搬家当天把猫咪寄养在别处会比较放心。

如果带着猫咪一起搬家的话,搬家当天为了避免妨碍搬家公司进出或行李的搬进搬出,把猫咪寄养在朋友家、宠物医院或宠物店的话会比较放心。特别是对于戒备心很强的猫咪或年龄较大的猫咪,由于它们容易产生压力,所以带他们搬家的话要特别注意。如果不寄养的话,为了防止猫咪跑掉,在搬家公司来之前一定要把猫咪放进笼子或宠物便携箱里。

搬入新居时,也要把猫咪放入笼子或有安全感的箱型宠物便携箱里并给它们准备好厕所。如果是夏天,长时间移动的话最好在笼子或箱子里放入足量的水,以确保猫咪能够及时补充水分。移动过程中要切实做好温度管理工作。

到达新居后,要确认好没有跑掉的危险以及室内的安全后再把猫咪放出来,然后马上准备好吃饭的地方和厕所。之后,要充分满足猫咪的好奇心,允许它在家里随心所欲并在一旁暗中观察猫咪的状态。

- 搬家当天寄养为上上策;
- 不寄养的话事先要做好隔离工作;
- 移动中要准备好水和厕所,切实做好温度管理;
- 在新居里允许它随心所欲,并在一旁暗中观察。

把我的手借给你吧?

8

护理

定期的梳毛对猫咪来说是不可或缺的护理方式。
通过延长身体接触时间，让猫咪慢慢习惯护理吧。

梳毛

梳毛有助于保持皮肤清洁，促进血液循环。如果猫咪有不愿意被触摸的地方可能是因为有疾病，因此梳毛还有助于早日发现疾病，所以理想状态是每天都梳毛。

需要准备的东西

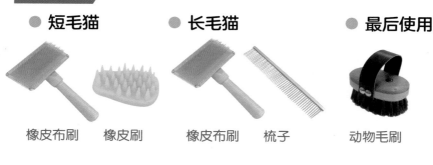

● **短毛猫**	● **长毛猫**	● **最后使用**
橡皮布刷　橡皮刷	橡皮布刷　梳子	动物毛刷

"吐毛球"究竟是怎么回事？

猫咪舔毛时毛会被吃到肚子里，原本这些毛会进入消化道随大便排出，但有时候毛在胃里会渐渐聚成一个小球，猫咪将其吐出，这种行为叫做"吐毛球"。但是并不是所有的猫咪都会吐毛球，实际上也没有那个必要。"吐"一定是有原因的，如果猫咪频繁吐的话要带它去看宠物医生。➡P56

有助于促进血液循环，及早发现疾病

猫咪会用舌头自己梳毛，将自己整理干净，但是也有猫咪舌头够不到的地方，这时就需要主人为它们进行护理了。特别是换毛期（初春、入秋），还有就是长毛猫仅凭舔毛是远远不够的，需要主人仔细为它们梳毛。定期护理不仅能够应对预防、减少脱毛，还可以促进血液循环，有效减少猫咪吃毛现象。此外，护理的时候如果触摸到猫咪不愿意被碰到的地方，可能是由于那个部位关联着某种疾病，所以护理有助于及早发现未曾想到的疾病。然而，为防止被猫咪抓伤，不要忘记提前给猫咪剪指甲。

对于不愿意护理的猫咪不要勉强。给猫咪护理的诀窍在于首先不要让猫咪感到疼痛或恐惧，可以通过延长身体接触的时间，让猫咪慢慢习惯。

➡ 不喜欢毛刷的猫咪可以先从用手梳毛开始

对毛刷有戒心的猫咪可以先让它们习惯用手梳毛。在猫咪放松的时候用手像按摩似的从抚摸后背开始，慢慢梳理猫咪自己不容易舔到的部位如下巴下方、腋窝、脸四周、腹部、大腿内侧等，用手将猫咪全身脱掉的毛清理干净。为了便于梳毛，梳毛时要将手弄湿。如果猫咪看上去没有戒心的话，最后可以用毛刷梳理，这样毛看上去会有光泽。

用湿毛巾将手弄湿。

顺着毛的方向像抚摸后背一样，用手掌进行梳理。

单手将猫咪上半身抬起，梳理腹部和腋下。猫咪自己不能清理的下巴下方和脸四周也一并梳理。

猫咪没有戒心的话，最后用宠物毛刷将猫梳理干净、整洁。

梳理短毛类猫咪

由于短毛猫咪的毛很短，护理时注意不要伤到皮肤

要温柔一些哟

 轻拿毛刷，毛刷与皮肤平行轻轻梳理

用大拇指、食指和中指轻拿毛刷，毛刷与皮肤平行，顺着毛的方向进行梳理。毛刷深入到毛的根部也不会划伤皮肤。关键在于要把毛梳理得比较顺滑。

后背 在猫咪放松的时候开始护理

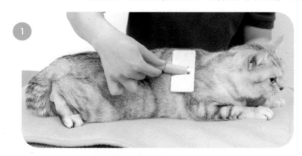

① 首先从后背开始，从上面轻轻按住猫咪的肩膀，这样梳理起来会比较容易。

② 从脖颈到腰，顺着毛的方向梳理，如此反复。

腹部

家人在的话，可以两个人一起让猫咪仰躺

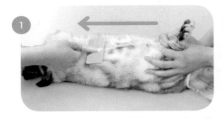

一个人按住猫咪的上半身，另一个人梳理腹部（一个人的话可以等猫咪睡着后再梳毛或者把上半身提起进行梳理）。

大腿内侧的毛一摩擦毛容易成团，这个部位的毛也要梳理，要从腿根向下仔细梳理。

头~胸

和猫咪说话，缓解其紧张情绪

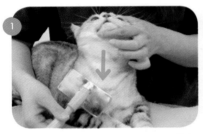

由于这个动作容易让猫咪紧张，所以不要强硬进行，要边和猫咪说话边梳理。

从下巴下方顺着胸的方向梳理。按住猫咪的下颚以防被咬。

完成

亮闪闪
滑溜溜

短毛类也清理出这么多毛！

尾巴

内侧也要仔细梳理

不光是表面，尾巴内侧也有一层细细的毛，不要忘记梳理。

梳理长毛类猫咪

打结的毛先用手解开，再用梳子梳理

要轻轻解开哦

后背 在猫咪放松的时候开始梳理

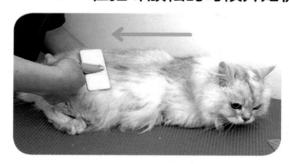

1

首先从后背开始。从脖子到腰，顺着毛的方向梳理。

2

梳理几次后会梳下大量的毛，仔细除去刷子上的毛后再继续梳理。

腹部 梳理大腿根部时要尤其注意

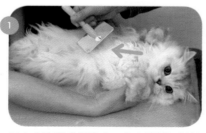

两个人让猫咪仰躺（一个人的话可以等猫咪睡着后再梳毛或者把上半身提起进行梳理），从喉咙向下梳理腹部。

大腿根部的毛比较杂乱，用毛刷轻轻横向、纵向刷，偶尔也需要逆着毛，将打结的毛梳理好。

头~胸 不强迫猫咪，温柔地梳理

抬起猫咪的下巴，从喉咙开始沿胸部梳理。

不要强迫猫咪，慢慢梳理。

毛打结的话用手解开然后用梳子梳理。

小要点

用左手捏住猫咪的脸，食指轻轻按住下巴下方。

尾巴 仔细擦拭

毛粘

有的猫咪因脂漏症尾巴上会出油，造成毛黏在一起。

脏污

长毛类的猫咪，屁股周围有时会沾有便便。

和短毛类一样，梳理完毛后用湿毛巾轻轻擦拭，清理干净。

缠结 缠结严重的话委托给宠物医生或宠物美容师

用手将缠结解开，将毛竖着分成几小股将结分开。

用橡皮布毛刷细细刷毛，将缠结解开。

实在解不开的话，在不伤到皮肤的前提下，从毛的根部剪掉。

剪指甲

很多猫咪不喜欢剪指甲，因为猫咪原本会通过摩擦使旧爪子脱落所以没有必要剪，但猫咪变老后有的就需要剪指甲了。

需要准备的东西

猫用指甲钳

猫咪原本会通过摩擦使旧爪子脱落所以没有必要剪指甲，但是为了防止家具被磨坏、猫咪将人抓伤，以及猫咪老了之后自己无法磨指甲等，最好让猫咪习惯剪指甲。但是，由于讨厌剪指甲的猫咪极其多，所以不要一下子全部剪完，而要在猫咪放松的时候一个一个地剪。家人在的话，可以在家人将猫咪抱着的时候剪，这样会比较顺利。一个人的话，可以放在膝盖上抱着或者从后面抱着剪。

小要点

在离血管几毫米处开始剪

猫咪的爪甲是由薄层构成，最外面的是老指甲。按住猫咪的指尖，仔细观察长出的爪子，应该会看到细细的血管。

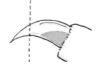

手握剪刀，刀刃弯曲的一侧朝上。

将指甲和肉球向后拉伸轻压，让爪子露出。

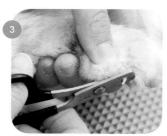

在离血管几毫米处开始剪。

剪掉爪尖，猫咪不抵触的话继续剪下一个。

眼睛和耳朵的护理

眼睛

由于眼睛是猫咪的敏感部位，注意不要碰触眼球，要温柔仔细地护理。护理的时候顺便检查一下眼睛有无异常。

需要准备的东西

化妆棉

猫用皮肤喷剂
（如果有的话）

用皮肤喷剂或水沾湿化妆棉，从眼睑向眼角处轻轻擦拭，注意不要碰触眼球。出现大量眼屎或眼部看上去有异常时要马上带猫咪去医院。

耳朵

擦洗耳朵最多擦拭到耳沟前面，和眼睛一样，由于耳朵是敏感部位，不要使用棉棒等。

需要准备的东西

耳油　　　　纱布

在食指上缠上纱布，用耳油将其浸湿，将耳沟之前的污垢擦拭干净。猫咪的耳道很窄容易弄破，所以不要使用棉棒。如果有很多污垢的话可能是外耳炎引起的，这时候要带猫咪去医院诊断。

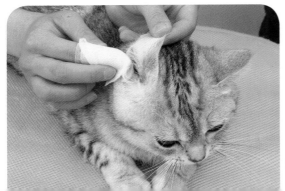

刷牙

很多猫咪都对刷牙有抵触，但是由于猫咪容易患口腔类疾病，所以要让它们习惯刷牙。

猫咪易患口腔类疾病，这主要是由牙齿和牙龈之间产生的牙垢引起的。一旦猫咪出现牙周炎或蛀牙，不仅会产生口臭、无法吃东西，严重时甚至还会引发造成全身感染的疾病，所以最好每周一次，用刷牙棉布（右图）给猫咪刷牙。除牙垢的话需要带猫咪去医院进行全身麻痹。牙齿护理品有各种各样的，最好选用宠物医生推荐的。

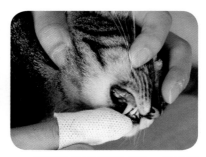

单手呈半包形将头摁住，用手指将上唇掀起，让猫咪张开嘴，用另一只卷上棉布的手指轻轻擦拭牙齿表面。

 小要点

给抵触刷牙的猫咪准备一些牙齿护理品

● 各种各样的牙齿护理品

牙刷

刷头较小，适合猫咪使用的牙刷。由于平时人使用的牙刷可能会伤到猫咪的牙龈，所以不要使用。（旋转牙刷，清除牙垢，爱猫用）

牙膏

含有猫咪喜爱的木鱼干味道的牙膏。牙膏也一定要用猫咪专用牙膏。（猫咪牙膏）

手指牙刷

对于抵触牙刷的猫咪，推荐使用这款手指牙刷。可以将湿润型的刷牙棉布卷在手指上。（手指牙刷）

液体牙膏

饭后，仅需滴几滴在槽牙上即可进行口腔护理的啫喱状液体牙膏。（饭后啫喱牙膏）

口腔清洁剂

对于不喜欢嘴被触摸的猫咪来说，使用掺在水里的漱口水的话不容易被它发现。（漱口水）

掺在食物里的颗粒

只需将金枪鱼口味的颗粒掺进食物中，颗粒里面富含的乳酸菌等会保持口腔清洁。（"刷牙倍儿轻松，爱猫专用"）

刷牙玩具

猫咪边玩儿边咬玩具，可以让牙垢清理变得简单。（刷牙棒）

 其他

有一种零食类牙齿护理品，通过持续让猫咪咬食形状特殊或很有嚼劲的零食、牛肉干等，让牙垢容易掉落。

洗澡

猫咪原本就非常讨厌洗澡，所以洗的时候要在短时间内速战速决。要特别注意洗发水的残留问题。

需要准备的东西

澡盆&提桶

猫咪专用洗发水　厨房纸巾　毛巾　吹风机

猫咪一般都会自己梳毛，把自己清理干净，所以没有体臭也不需要洗澡，但是万一身上弄脏或是为了预防容易患的皮肤病的话，就需要洗澡了。猫咪原本就不喜欢被水弄湿，所以要知道长时间让它们在水里是很困难的。猫咪对洗澡有抵触时，可以用温的蒸过的毛巾擦拭全身，这样也可以将猫咪清理干净。

1 在澡盆里倒好温水，从猫咪的头部向下浇水。

2 在澡盆里倒好温水，从猫咪的头部向下浇水。

3 猫咪全身都湿透后将洗发水弄起泡后抹在猫咪身上，像是按摩似的给猫咪洗澡。

4 注意不要弄湿猫咪的脸。头四周比较容易脏，要仔细清洗。

5 容易出油的尾巴和屁股也要仔细清洗，洗完后将洗发水冲洗掉。

6 洗发水冲洗干净后，用手将全身的毛拧干。猫咪不喜欢吹风机的话，可以用厨房纸巾擦拭后再用毛巾擦，这样干得比较快。

 小要点　**洗占3成，冲占7成，不要让洗发水残留**

　　如果洗发水残留在毛上面的话，猫咪自己梳毛时会将其吃进去，容易引发食物中毒。对洗澡有抵触的猫咪，最开始要将洗发水稀释后使用。将猫咪弄湿之前最好先为其梳理一下毛。

海外没有宠物商店？！

在欧美各国，有人们熟知的猫咪避难所。

在重视保护动物的欧美国家，几乎没有像在中国这样可直接买卖猫咪的宠物店。奥巴马总统的爱犬"博"就出身于保护动物的避难所。不知您是否知道，撒切尔时任首相时，英国首相官邸十分活跃的"捕鼠官"猫咪汉弗莱，原总统克林顿一家的爱猫"索克思"都曾经居住在避难所。

在欧美国家，避难所本身就作为社会中的重要角色被广为人知，深入渗透到社会的各个角落。年轻夫妻怀着"想和宠物一起过安静的生活"的心情一起去避难所，收养年老的猫咪或狗狗也不稀奇。此外，英国有"防止虐待动物协会"（美国也有同样的协会）。该协会主要致力于禁止不必要的动物实验，防止虐待，指导采用不当方式饲养动物的饲养主。而且，一切的活动经费都来源于支援者的捐款。

甘地曾说过："判断一个国家是否伟大以及其道德的发展情况，要通过那个国家对待动物的方式判断。"所以，热爱生命，喜爱动物的你，请善待身边的每一只动物！

这是我们的小伙伴呢。

9

猫咪疾病的预防

愿爱猫一生都健健康康……这是每一位主人都希望的事。
为此，早日发现疾病比什么都重要。

找一个值得信赖的家庭医生

为了使爱猫保持健康，和宠物医院的协作也很重要。为此，首先要寻找一位值得信赖的家庭医生。

选择医院的要点

1. 熟悉猫咪的处理方法，诊断认真仔细

2. 猫咪所喜欢的，医生的知识、经验丰富

3. 医院内环境、设施干净、整洁

4. 病情说明清晰明确，容易理解，治疗方法让人接受

5. 与宠物医生性情相投，能够长时间交往

其他 即便是咨询一点小问题也很乐意回答/明确告知治疗费用/离家不远，容易到达/口碑好/听取其他医生的意见 等

平时就要开始构筑信赖关系

家庭医生是指猫咪的"主治医生"。一旦有情况发生，不是病急乱投医，而是平时就和医生构筑起信赖关系，找到可以委托爱猫的健康管理和全身护理的宠物医生。这是作为主人的任务之一。

医院的选择要点有很多条，但是恐怕很难找到满足所有条件的医院。为了避免爱猫有什么三长两短时后悔，要寻找一位让你有这种想法的医生：把猫咪交给这位医生的话，它的性命就能保住了吧。这样一来，治疗时也会积极配合，有不安或者不能理解的事情就去和医生交流，这一点非常重要。

➡ 高明的就诊方法

去医院的时候，有几点需要注意的事项。
除了对猫咪进行照顾之外，还要留意医院的注意事项。

减轻猫咪去医院时的压力

对于猫咪来说，除了医院，往返于医院的途中也容易产生压力。在宠物便携箱里时，把猫咪的眼睛蒙上，移动过程中做好温度管理工作，总之下功夫不要让他们感到剧烈的变化。如果猫咪讨厌便携箱的话，平时可以试着让猫咪自由出入便携箱，去医院的时候装作若无其事让猫咪自己进去，这样可以使猫咪放松警惕。

把猫咪放入宠物便携箱

就诊时一定要把猫咪放入宠物便携箱。为防止猫咪跑掉，直到诊疗时都不要让其从便携箱出来。此外，医院里有患各种疾病的动物，猫咪一旦从箱子里出来，和医院里的动物接触的话会非常麻烦，所以一定要留意这些注意事项。

明确说明症状

向宠物医生说明病情时如果太过慌张的话反而不能准确传达。食量、排泄量的变化，症状发生后的变化等，即便是微小的变化也不要漏掉。平日里仔细观察猫咪，发现异常情况马上记下来，这对于治疗很有帮助。很难用语言、数字说明的一些异常的行为或动作，可以用手机或相机拍照或录像，这些可以作为客观判断的依据。

健康检查，疫苗接种

每年1次健康检查&疫苗接种

完全室内饲养，不管是多么有活力的猫咪每年都要进行1次健康检查和疫苗接种，这对于及早发现疾病，维持健康来说是不可或缺的。

➡ 健康检查的主要内容

问诊 ● 只有主人知道的猫咪平时的样子和日常生活中的异常，是诊断所需材料之一。

测量体重 ● 确认和以往体重变化幅度相比有无大幅增减。

身体检查 ● 身体有无异常？通过触诊和听诊仔细检查。

血液检查 ● 采血，检查荷尔蒙、内脏有无异常、感染。

尿/便检查 ● 膀胱炎、肾功能不全通过尿液检查，寄生虫感染、肠内细菌通过大便检查。

放射线检查 ● 检查通过触诊无法判断的脏器、骨骼有无异常。

心电图检查 ● 脉律不齐、心肌肥大等疑似症状通过电器信号确认心脏的活动。

超声波检查 ● 检查通过放射线难以判断的脏器情况以及有无肿瘤。

室内饲养也不能马虎大意

不管是多么有活力的猫咪每年都要进行1次健康检查和疫苗接种，这对于及早发现疾病，维持健康来说是不可或缺的。年轻健康的猫咪每年检查1次，超过8岁的年老的猫咪或者有过治疗历史的猫咪、现在正在接受治疗的猫咪，要咨询医生，定期接受检查。

有很多是可以通过接种疫苗来预防的疾病，所以每年接种疫苗也非常重要。接种疫苗的时间可以和健康检查或猫咪的生日定在同一天，这样就不容易忘记了。即便是完全室内饲养，万一猫咪跑掉的话可能会感染疾病，有时候主人从外面带来病原体也会让猫咪感染，所以一定不能大意。

➡ 通过接种疫苗预防的疾病

疫苗是通过接种将应对传染病的生物制品人工注射于人/动物体内。由于注射了疫苗能够增强抵抗力，所以即便感染也可以防止疾病的发生。此外，万一发病的话也可以防止演变为严重的疾病。现在普遍接种的疫苗是由"猫病毒性鼻气管炎/猫杯状病毒感染症/猫泛白血球减少症"3种疫苗混合而成的三联疫苗。给猫咪接种哪种疫苗最好咨询一下宠物医生。

猫病毒性鼻气管炎	染病猫咪的喷嚏会引发唾液感染。症状为发热、打喷嚏、流鼻水、出现眼屎，严重的可致幼猫、老猫死亡。
猫杯状病毒感染症	初期症状与猫病毒性鼻气管炎类似。出现口腔炎、舌炎，如置之不理的话可能转化为肺炎导致死亡。
猫泛白血球减少症	别名：猫瘟热、猫传染性肠炎。染病猫咪的排泄物会导致感染。症状为高烧、重度腹泻、白细胞骤减等。尤其是幼猫致死率很高。

幼猫为何接种2次疫苗？

喝母乳长大的幼猫，抗体从猫妈妈获得（移行抗体），但抗体作用会在出生后2~3个月内消失，要在消失之前接种第一次疫苗。一个月后再接种第二次疫苗的话，就能确实获得免疫力了。

需要注意的生病征兆

猫咪的疾病早日发现、早日治疗是铁则。为此，平日里不要错过爱猫细微的变化以及生病的征兆，这非常重要。

早日发现、早日治疗是铁则

猫咪如果看上去身体不太舒服的话，相当于人类病得非常严重的状态。猫咪的疾病，早日发现、早日治疗是铁则。

猫咪生病时为了尽早发现，平日里就要把握猫咪的健康状况。为此，主人的观察力至关重要。仔细观察爱猫，一旦发现异常要马上咨询宠物医生。体重、食量、饮水量、排泄物的变化是判断生病与否的重要线索。养成定期测量体重、称量每日猫咪食量的习惯。通过每天的身体接触检查猫咪有无肿起部位，有无不喜欢被触摸的部位。这种不露声色的检查非常重要。

➡ 需要注意的10个征兆

1　不正常的排尿（便）行为

- 姿势和平时不同
- 排泄时间变长
- 尿/便的颜色、量和平时不同（掺杂有血等）
- 发出痛苦的叫声
- 猫砂的结块与平时不同
- 次数多/少

➡P64~

2　身体接触的变化

- 厌恶被触摸
- 不怎么玩耍
- 不到处走动了

3　外表的变化

- 有外伤、脏污、恶臭，身上有肿块
- 走路不正常（拖着腿或护着腿走路）
- 不动，蹲坐着
- 眼睛里没有生机

4 睡眠时间的变化

※猫咪1天的平均睡眠时间为16~18小时

- 睡眠时间比现在长
- 不怎么睡觉

5 水、食物摄取量的变化

- 饮水量变大　● 不怎么吃东西
- 饮食过量

6 口腔内的变化

- 有口臭　　● 咬东西看上去很费劲
- 流口水　　● 不能吞咽

7 舔毛的变化

- 毛色变得没有光泽　● 过度舔毛造成毛脱落
- 不怎么舔毛

8 行动的变化

- 藏在暗处不出来　● 呕吐
- 总想逃跑　　　　● 在厕所外面排泄

9 叫声的变化

- 大声叫
- 没有缘由地叫

10 原因不明的体重减少/增加

※基准为1岁时的体重➡**P32~**

＼　其他　／

- 体温的变化：平均体温约38.5℃，使用入耳式体温计比较方便。
- 心跳数的变化：通常150~180次/分。猫咪睡着后将手放在腋窝内侧统计心跳数。
- 呼吸频率的变化：通常20~30次/分。胸口或腹部上下浮动一次算呼吸一次，如此计数。

有以上征兆或哪怕有一丝不放心的话，
要马上带猫咪去医院检查！

喂药方法

在医院开完药之后，要按照指示的时间和药量给猫咪用药。
喂药时要在猫咪感到压力之前快速解决。

药片

 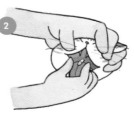 

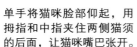

① 单手将猫咪脸部仰起，用拇指和中指夹住两侧猫须的后面，让猫咪嘴巴张开。

② 用另一只手快速将药片放在猫咪舌根附近，将嘴巴闭上。

③ 用水弄湿鼻尖，猫咪在舔鼻尖的同时将药片咽下。

眼药水

单手将猫咪脸部固定后，用另一只手拿着眼药水滴在眼球上。从外眼角开始滴的话猫咪不容易有戒心。

液体药剂

让猫咪脸部上扬，在嘴角处插入注射器喂药。

在 医院开好药之后，要按照指示的时间给猫咪喂药。喂药时要在猫咪产生压力之前快速解决。一旦有让猫咪厌恶的体验或认知，可能下次它就会察觉，这样喂药就会变得棘手。另外，对于一些猫咪，可以将药掺在食物中让它们吃。糖浆类的可以让猫咪直接喝，但是由于每一只猫咪有个体差异，可以事先咨询一下宠物医生。如果家人在的话，可以一个人将猫咪固定住，另一个人喂药。

猫咪常见疾病的治疗与预防

有些疾病如"能传染给人的病""猫咪容易患的病"等需要特别注意。在这里为大家介绍一下比较有代表性的。

咱们要互相注意哟

➡ 猫咪可能会传染给人的主要疾病

猫抓病

顾名思义，被猫咪抓伤后引发的疾病。人感染该病后伤口附近的淋巴结会肿胀，身体发热。主要发病原因在于跳蚤身上的杆菌状巴尔通体（据说并不是所有的猫咪都会感染，感染概率约为10%）感染所至。清理猫咪身上的跳蚤可以预防此传染病。

猫跳蚤、扁虱

寄生在猫咪身上的跳蚤（P40）、扁虱吸血后会造成皮肤瘙痒，有时也会导致过敏。领养从外面带回来的猫咪或在室外饲养的话容易生寄生虫，这时要去医院开滴药，通过清理寄生虫来预防。

出血性败血病

人免疫力低下时被猫咪咬伤后会引发呼吸器官疾病或淋巴节肿大。主要原因在于猫咪口腔内的化脓菌兼性细菌。这种疾病可以通过不让猫咪咬到来预防。万一被咬了的话，要仔细用消毒液进行消毒。如果伤口很深的话要去医院检查。

113

➡ 猫咪容易患的疾病

● 口腔疾病

疾病名称	症状、原因	治疗、预防
口腔炎	口腔内的黏膜呈现红肿、糜烂和溃疡。口臭变强，流口水。病因在于流感病毒造成的免疫力低下、牙垢堆积、营养不足等	注射抗生物质或抗炎症剂。通过定期刷牙来预防
牙龈炎/蛀牙	病因在于细菌聚集产生的牙垢。牙龈红肿出血，有时炎症会波及齿槽。置之不顾的话吃东西会有困难。此外，口腔细菌感染症有时会导致内脏疾病	通过去除牙垢或拔牙，使用抗生素消除炎症

● 眼睛疾病

疾病名称	症状、原因	治疗、预防
结膜炎	眼皮内侧的黏膜发炎，出现眼睛充血、眼屎等症状。频繁揉眼睛。主要原因在于异物、细菌感染	通过抗生素、眼药水治疗
角膜炎	因外伤或感染导致，覆盖在眼睛表面的黏膜发炎。经常感觉光线刺眼，时常蹭眼睛。伤口深的话可能造成失明	通过抗生素、眼药水治疗
绿内障	由眼睛外伤、肿瘤、猫白血病病毒感染症等引起。眼压过高，眼球突出，因疼痛会经常蹭眼睛。视觉神经、视网膜受损，严重时可致失明	根据致病原因，通过降低眼压的药物、手术双向治疗

● 耳朵疾病

疾病名称	症状、原因	治疗、预防
外耳炎	因瘙痒或疼痛频繁挠痒。主要由细菌、霉菌、耳屎造成	根据病因，用抗生物质、抗真菌药物、驱虫剂等耳药水治疗

● 鼻子疾病

疾病名称	症状、原因	治疗、预防
鼻炎	出现流鼻涕、打喷嚏、眼屎等症状。主要因病毒感染所致，还有因细菌、花粉或灰尘过敏所致	通过接种疫苗预防病毒感染，注射抗生素
副鼻腔炎	鼻子深处的副鼻腔发生炎症，流鼻涕、打喷嚏，持续发炎的话会导致用嘴呼吸，造成食欲低下	通过接种疫苗预防病毒感染，注射抗生素。与鼻炎类似，但不要小看它，需尽早治疗。

● 皮肤疾病

疾病名称	症状、原因	治疗、预防
皮肤炎	主要是因跳蚤导致的过敏性皮炎。此外，也有因霉菌、扁虱、花粉造成的皮炎	通过消除变态反应原或用药物进行治疗
猫痤疮、尾巴毛囊炎	即下巴粉刺。下巴因皮脂、脏污、细菌等产生黑色颗粒物。一旦恶化会引发炎症。尾巴毛囊炎是因尾巴根部大量皮脂聚集造成的	定期给猫咪洗澡保持皮肤清洁，或者使用专用药物治疗
皮肤丝状菌炎症	因皮肤霉菌（皮肤丝状菌）引发，一般不会痒，伴有呈圆圈状的脱毛。免疫力低时容易患此病，会传染给狗、人	用抗真菌剂治疗，通过保持室内清洁来预防

● 生殖器官疾病

疾病名称	症状、原因	治疗、预防
乳腺肿瘤	即乳腺癌。乳腺上长出肿块。猫咪乳腺上长肿块的话，大多数都是恶性的，肿瘤也容易转移，要及早发现及早治疗	通过手术进行切除或进行化疗
皮肤炎	因细菌感染造成脓在子宫里滞留。症状为食欲低下，下腹肿胀，多吃多尿等。容易复发，要及早发现及早治疗	卵巢和子宫的摘除手术。可以通过绝育手术来预防

● 泌尿器官疾病

疾病名称	症状、原因	治疗、预防
尿结石	由于膀胱内有结石，导致尿里有结石或血。症状为上厕所时无法排尿。公猫一旦出现尿道不通症状，可能会引发尿毒症，危及生命	除将结石取出的治疗方法外，给猫咪多吃富含水分的食物。平日里让猫咪适量运动，多喝水。一旦发现猫咪排尿异常，马上带它去医院
肾功能不全	年老是一个原因，除此之外，因病毒感染、免疫力疾病等造成肾功能低下，无法排除体内废弃物。持续下去会引起尿毒症导致死亡	一旦患上此病，只能采取延缓病情发展的治疗手段。所以一定要注意猫咪饮水量、排尿量是否有增加。关键在于及早发现及早治疗
膀胱炎	尿频，尿液呈茶褐色或带有血丝	排尿异常、触摸腹部猫咪会感到疼痛。如果有上述症状的话马上带猫咪去医院

● 呼吸器官疾病

疾病名称	症状、原因	治疗、预防
肺炎	症状为咳嗽、高烧、流鼻涕等。因杯状病毒等病毒感染造成2次感染，导致病情恶化。病情发展很快，容易造成呼吸困难等重症，及早治疗很重要	用抗生剂、抗真菌剂，同时进行吸入疗法。通过接种疫苗预防病毒感染

要及早发现，及早治疗哦。

● 消化器官疾病

疾病名称	症状、原因	治疗、预防
肠胃炎	有的因猫泛白血球减少症等病毒感染引起。症状为呕吐、严重腹泻。有时会使身体脱水危及生命	通过日常饮食管理、接种疫苗来预防病毒感染
巨大结肠症	持续重度便秘，有食欲低下、呕吐、脱水等症状。因肠道功能低下等造成便便在结肠滞留，引发此症	除了用药，可以用泻药治疗。出现排便异常，持续便秘的话要去医院检查
胰腺炎	症状为呕吐、腹泻。慢性胰腺炎的话症状不明显	配合消炎药，进行并发症治疗或进行食疗

● 心脏疾病

疾病名称	症状、原因	治疗、预防
心肌炎	多为心脏肌肉变厚、心脏肥大型心肌炎。会引发血栓、心功能不全、呼吸困难，最终导致死亡	没有预防方法，很难根治。可治疗心功能不全

● 内分泌疾病

疾病名称	症状、原因	治疗、预防
甲状腺增生	因甲状腺荷尔蒙分泌过剩所致，症状为饮食过量但体重减少，多饮多尿，突然变得很精神或变得有攻击性。年长的猫咪多见	关键在于及早发现、及早治疗。症状不容易被发现，即便有微小的异常也要带猫咪去医院检查
糖尿病	胰岛素不足造成血糖值上升。症状为多饮多尿、呕吐、脱水、消瘦等。年长的或肥胖的猫咪容易患此病	通过注射胰岛素、食疗进行治疗。通过日常的饮食管理、缓解运动不足来预防

● 传染病

疾病名称	症状、原因	治疗、预防
猫免疫力不全病毒感染症	猫类的癌症。主要通过因打架流血引发的血液感染或母婴感染。经过难以看出症状的潜伏期"无症状时期"后发病。因免疫机能低下容易导致口腔炎、鼻炎等各种慢性病、恶性肿瘤	治疗方法只有对症疗法。可以通过接种疫苗来预防
猫传染性腹膜炎	感染猫冠状病毒后引发腹膜炎。症状有食欲不振、呕吐、腹泻、脱水、腹部积水等，有的还会造成神经、眼睛发炎。虽然传染性低，但是发病后的死亡率较高，需要注意	治疗方法只有对症疗法。通过完全室内饲养，防止和其他猫咪接触来预防
猫病毒性鼻气管炎	通过染病猫咪的喷嚏感染。症状为发热、打喷嚏、流鼻水、出现眼屎，严重的可致幼猫、老猫死亡	可通过接种疫苗进行预防（P109）
猫杯状病毒感染症	初期症状与猫病毒性鼻气管炎类似。出现口腔炎、舌炎，如置之不理的话可能转化为肺炎导致死亡	注射抗生素。可通过接种疫苗进行预防(P109)
猫泛白血球减少症	别名：猫瘟热、猫传染性肠炎。染病猫咪的排泄物导致感染。症状为高烧、重度腹泻、白血球骤减等。尤其是幼猫致死率很高	注射抗生素。可通过接种疫苗进行预防(P109)
猫白血病病毒感染症	通过唾液、血液感染，或通过母婴感染。引发白血病、淋巴瘤、免疫力不全，一旦发病，将无法康复	可通过接种疫苗进行预防
猫衣原体感染症	衣原体病原体从眼睛、鼻子进入导致感染。引发结膜炎、打喷嚏、流鼻水、口腔炎、舌炎等黏膜类炎症	可通过接种疫苗进行预防

不要忘记接种疫苗哦。

● 寄生虫

疾病名称	症状、原因	治疗、预防
猫蛔虫	通过猫妈妈感染，寄生于消化器官。白色细长（5~10厘米）的蛔虫会随大便或呕吐物排出体外	用驱虫药治疗
绦虫	除从跳蚤身上感染的瓜子绦虫之外，也有因捕食青蛙、蛇时感染的曼森裂头绦虫等。寄生于肠道，随大便一起排出	用驱虫药治疗
疥疮	猫小穿孔疥虫在皮肤里钻孔、寄生。由于会造成皮肤瘙痒，猫咪会经常抓，导致皮肤红肿、结疮痂、老化等。寄生在耳朵里面的话会造成耳疥疮，产生大量茶褐色耳垢，一定要注意	用驱虫药治疗
丝虫	通过蚊子这一媒介感染，寄生于心脏和肺动脉里。可造成咳嗽、呼吸困难等症状，甚至是突然死亡	由于诊断、治疗都很困难，所以蚊子多发季节每月1次用药进行预防

人家不想生病……

● 寄生虫

疾病名称	症状、原因	治疗、预防
肛门囊炎	肛门腺（P65）的分泌物聚集，引起细菌感染等炎症。一旦恶化可能造成肛门破裂	用抗生素，对患部洗净消毒。看到猫咪蹭着屁股走路的话，要尽早带它去医院就诊

常见问题解答

为猫咪试毒吧

Q 猫咪喜欢人类的饭菜吗?

A 猫咪的味觉和人类不同。动物们所需的营养要素是不一样的（P43），它们认为的"美味"是富含所需营养要素的食物。由于猫咪不像人类那么需要盐分，所以它们不喜欢重口味的食物。然而，由于猫咪会渐渐习惯重口味的饮食，所以为了预防盐分过量摄取造成的疾病，不要喂猫咪人类吃的食物。

Q 猫咪为什么会把干猫粮一粒一粒地从盘子里弄出来?

A 不用辛苦狩猎的家猫，无论是时间上还是精神上都有很充裕。这种充裕可能就通过"玩心"表现出来。偶尔取出一粒猫粮，猫咪吃完之后可能很神奇地就喜欢上了。这和吃蜂蜜蛋糕的时候有人喜欢先吃皮一样，猫咪喜欢上这种吃法并渐渐成了习惯。

120

必杀技！眼泪汪汪，开始攻击~

Q 流浪猫是怎样远远就能分辨来的人是否是经常来喂食的猫阿姨呢？

A 与其说是分辨人，不如说是分辨状况和氛围。比如骑自行车的样子，超市购物袋的声音，打招呼声等。如果来的人和喂食的人拿着一样的东西，在同一情形下靠近猫咪的话，无论来的人是谁，猫咪应该都会非常高兴地出来。但是，它们可能会因为长相不同或气味稍微的不同而产生怀疑"咦？是这个人吗？"，但是只要给猫咪吃的，是谁都无所谓啦。

121

Q 有没有只有幼猫才有的
特征?

A 猫咪有些特征会随着年龄的增加渐渐消
失,比如某些幼猫头上面长有灰色的毛,
长大后这些毛就会消失。还有刚刚睁开眼睛的幼
猫瞳孔颜色是灰色偏蓝的,长大后颜色就变了。
瞳孔的颜色出生3个月后会变为猫咪本来的颜
色。这个阶段猫咪一般看不清,只能感觉到物体
的运动情况。

Q 猫咪也会出汗吗?

A 猫咪身体里没有汗腺,所以不会出汗。但是
只有肉球一处有汗腺,此处的汗腺不是为了
降低体温而是在猫咪紧张的时候出汗。因此,带猫
咪去医院的时候由于紧张整个肉球会被汗水浸湿,
但是很热的时候猫咪不会像人类一样出汗,为避暑
猫咪会去比较凉快的地方待着不动。

Q 人感冒了会传染给猫咪吗?

A 不会传染。病毒、细菌都有各自的"住
所"。就像鱼只住在水里,地鼠只住在地底
下一样。人类的感冒病毒无法在猫咪体内存活所以
不会传染,但是,有的病原体既可以在人体内也可
以在猫咪体内存活,这些病毒会引起宠物感染症。
➡ P113

Q 猫咪为什么会那么可爱呢?

A 这是因为猫咪满足"可爱的条件"。哺乳类动物都是越满足"圆滚滚的""小小的""软绵绵的""热乎乎的"这些条件,越让人觉得可爱,爱不释手。这种可爱会激发人的母性本能从而去呵护、照顾猫咪。猫咪就是这种充分满足"可爱"条件的动物。

Q 猫咪的尿为什么那么臭？

A 猫咪的尿液里所含的"尿素"是臭味的根源。没有去势的公猫味道会大一些，做了绝育手术的猫咪味道会小一些。这是由于公猫会以此来向较远的敌人来宣誓自己的领土，来吸引更大范围内的母猫。

Q 猫咪上完厕所后为什么会到处猛跑？

A 野生时代，猫咪去厕所需要大量的能量。这是因为需要回避危险，需要有"干劲"地去厕所。所以，厕所和能量是组合在一起的。而现在猫咪可以很轻松地上厕所，所以体能积聚的能量比较多，需要通过猛跑来释放。

美女要从仪容整洁做起！

Q 可以给猫咪擦屁股吗？

A 猫咪排泄后会自己将屁股舔干净，即便主人帮猫咪擦了屁股，过后猫咪也会自己再清理一次。所以长毛类猫咪的话，除了排泄物将毛弄脏或生病的情况外，没有必要为猫咪擦屁股。人一旦神经质地给猫咪擦了屁股，可能会用力过猛。猫咪有自己爱干净的方式，所以任由它去吧。

Q 为什么主人上厕所、洗澡的时候，猫咪会在门外等着？

A 这应该是因为猫咪把主人当成了猫妈或兄弟姐妹。家猫无论多少岁都有一种幼猫的心理。幼猫会和猫妈妈或兄弟姐妹们一起行动，所以猫咪喜欢跟随主人行动。

人家自己可以的，喵~

Q 为什么猫咪喜欢钻进新的箱子里？

A 野生时代，猫咪把树洞、岩洞当作自己的家。在自己的势力范围内发现新的缝隙、洞穴的话，就会先钻进去确认是否安全。所以这种习惯一直延续至今，猫咪只要看到箱子就会不自觉地想要钻进去。一旦确认"这里是安全的"，就会在箱子里小憩一会儿。这些全都是野生时代延续下来的。

Q 为什么猫咪喜欢挤进狭小的空间睡觉呢？

A 猫咪小时候就和兄弟姐妹们挤成团状一起睡觉，这样能感受到伙伴们的体温和柔软，猫咪长大后也会很安心。此外，猫咪身体非常柔软，即便是我们很难想象的扭曲的姿势也能熟睡。

Q 最好冬天给猫咪穿上衣服，夏天给它剃毛?

A 猫咪夏天和冬天会换毛。冬天会长出很多绒毛，这些绒毛能够抵御寒冷所以没有必要给猫咪穿衣服。与其给猫咪穿衣服，不如为它创造一个好的环境。冬天准备一个暖和的床，夏天比起剃毛，给猫咪准备一个凉爽的避暑地更重要。确保房间内通风，最好能准备一个凉被（**P70**）。

Q 完全室内饲养的猫咪不会产生压力吗?

A 对于猫咪来说，它们在不知道会有哪些危险的室外活动时会很有压力，而在安全的室内可以无忧无虑地生活，压力会小。但是，猫咪每天的生活没有什么刺激性，比较单调，有可能造成运动不足，所以每天要留出一定的时间陪猫咪玩耍。这样能够使猫咪的生活张弛有度。

zzzzz……

Q 有没有让猫咪睡觉的方法?

A 按照一定的节奏轻轻拍打、抚摸,猫咪会觉得像是小时候猫妈妈温柔地舔自己慢慢进入梦乡一样,会非常放松。所以可以像哄孩子入睡一样,温柔地拍打猫咪,用手轻轻抚摸,让猫咪感到像被舔一样。拍打的节奏开始时和心脏跳动的节拍一样,然后渐渐放慢。

Q 猫咪为什么喜欢把鼻子贴近人的嘴?

A 猫咪遇见来自其他地方的猫咪时,会互相碰鼻子。这被叫作"猫咪之间的问候",实际上这是在互相闻对方嘴里的气味,在进行"你吃什么好吃的啦"信息交换。由于猫咪鼻子和嘴挨得很近,所以看上去像是在互相碰鼻子,但是如果是跟人的话,可以很明显看出是在闻嘴里的气味。

Q 为什么斥责猫咪的时候它会把头转向一边?

你吃什么好吃的啦?

A 不认识的猫咪之间如果互相对视的话只能表示双方的敌意。如果主人生气盯着猫咪的眼睛看,猫咪感觉到了敌意就会把头转向一边。猫咪想传达的意思是"我并没有敌意,不想和你争吵"。也就是说,猫咪知道主人生气了。

128

Q 猫咪很在意剪指甲、梳毛等这些猫咪有狗狗没有的东西。

A 这是由于猫咪和狗狗生活方式和狩猎方式不同造成的。狗狗一般会追赶猎物，将其扑倒。猫咪会跳起来用爪子将猎物固定，不让它动。所以，猫咪有必要经常磨爪子。此外，猫咪是潜伏型狩猎，为了不让对方察觉，需要弄掉自己身上的气味，所以猫咪经常自己梳毛。

准备爱猫基金，
以备不时之需

猫咪的养老金，
从猫咪小时候就开始积攒吧。

带 猫咪去过医院，哪怕只去过一次的人也会被高额的治疗费所惊呆吧。猫咪变老后更容易生病，为了给猫咪养老，以备不时之需，可以尝试一下"爱猫基金"。例如，每月即便只攒一点点钱，趁着猫咪健康的时候一点点积累，也会积少成多，万一有事的时候可以拿来救急。

需要提前了解的事项

关于猫咪，还有很多需要了解的。
我们往往会问"这种情况下该怎么办？"
这时候，需要了解猫咪的想法。

猫咪各种让人困惑的行为

和猫咪一起生活，可能会遇到想象不到的让人困惑的行为。
但是，猫咪这样做有它的理由。
理解并接受它，可能就会找到解决方法。

➡ 不让抱的时候

猫咪躲避主人，总是不让主人抱，非常困惑。

猫咪的理由

因为他看上去居心不良，人家好害怕。

小要点

● 对于猫咪来说，主人要成为"空气一样的存在"。

● 身体接触时"猫咪想要的时候再抚摸"是铁则。

● 要把猫咪的这种行为当做"它的个性"，理解并接受。

● 解决方法

你有没有无意识地让猫咪吓一跳、让猫咪恐惧？或者有没有过度呵护它？猫咪讨厌大的声响、大的动作和激烈的动作。因为这些让他们感到害怕。在猫咪身边时，时刻注意动作要慢、要轻，要让自己像"空气一样的存在"。猫咪爬上自己的膝盖也不要伸手摸它，如果猫咪在膝盖上熟睡了，可以轻轻抚摸。这样的话猫咪会渐渐习惯你的存在，会向你撒娇。

→ 猫咪到处撒尿的话

做过去势手术的公猫手术后会随处大小便，非常困扰。

猫咪的理由

人家不安，没有办法呀。
撒尿后会多少安心一点。

小要点

●训斥它的话会起反作用，会让猫咪感到更加不安。

● 找出问题的根源非常重要。要根据原因寻找解决方法。

不可以训斥我哦

●解决方法

　　撒尿是指猫咪到处小便，将自己的味道附着到物体上的行为。做了绝育手术的猫咪也会有到处撒尿的行为。这是由压力、生病或一些其他的原因引起的，要找出原因对症下药。有的可能是因为和同居猫咪的关系引起的，有的是因为家中有一些让猫咪不安的东西。如果是因为同居猫咪的话，就好好利用笼子，为猫咪创造一个独处的空间。如果是因为家具之类的，就把家具搬走。也有因膀胱炎或膀胱结石等尿道疾病造成的，这种情况要带猫咪去医院治疗。

➡ 猫咪做了不想
让它做的事情的时候

猫咪有时会去有被烫伤危险的厨房，或跳上人们的餐桌，这让主人非常困扰。

猫咪的理由

为什么不允许呢？
人家想要爬嘛！

小要点

● 不能打它、训斥它。重要的是让猫咪中止其行为。

● 如果猫咪已经做出这种行为再阻止也来不及了，要在猫咪将要做的时候及时阻止，防患未然。

今天的晚饭是什么？

● 解决方法

不想让猫咪做某些事情最关键的是从一开始就培养它们"不做某些事的习惯"。为此，需要坚持"一次也不让它做"的原则。观察出猫咪将要做出某种行为时，即用大的声音或叫声呵斥它，中止其行为。多次重复这一步骤的话，猫咪就会学习到这是"不能做的事情"，从而养成良好的习惯。如果猫咪做出某种行为之后再打它、训斥它的话，猫咪就会不明白为什么要被训斥，从而对主人产生戒备之心。"在猫咪将要有某种行为前及时制止"，这样才会有好的效果。

➡ 猫咪讨厌进入
便携箱该怎么办？

带猫咪去医院的时候，猫咪总想跑走或胡乱挣扎，不进便携箱，让人非常伤脑筋。

猫咪的理由

人家讨厌进便携箱，仅此而已。

小要点

● 将便携箱作为猫咪的午睡地点之一。

● 带猫咪去医院的时候，要若无其事地将猫咪放入便携箱。

人家不要进去，绝对不进去～～～

● 解决方法

猫咪讨厌陌生的环境。猫咪如果没有习惯"进入便携箱"的话，就会拼死反抗。平常把便携箱放在房间一角，作为猫咪午睡地点之一的话，就会毫不费力地让猫咪进去。但是，把猫咪放进去的时候，不要说"来，进去吧"等容易让猫咪产生紧张感的话。环境和平时不同时，猫咪就会紧张，会抵抗。关键要让猫咪认为"这是平时待的地方，现在只是和平时一样进去"。

➡ 猫咪到处磨爪子该怎么办？

明明给猫咪准备了专门的磨爪器，它却在柱子、墙壁、沙发等家具上磨，非常困扰。

猫咪的理由

人家只是在最想磨
爪子的地方磨呢!

这里磨着最
舒服!

● **解决方法**

　　猫咪到处磨爪子的原因是"与磨爪器相比，柱子、墙壁、沙发等磨起来更舒服"。所以给猫咪找一个比柱子、墙壁、沙发更舒服的磨爪器吧。磨爪器有各种各样的材质，试着给猫咪选用家具里没有的材质的、猫咪喜欢的磨爪器。可以买几个磨爪器，看看猫咪喜欢哪一种。

小要点

- 磨爪器要选用猫咪喜欢的材质。
- 猫咪一定要在别的地方磨爪子的话，就人为挡住可以磨的地方或者把磨爪子的东西拿走。
- 还有一个方法就是把猫咪喜欢的东西"当作磨爪器"，任由猫咪去磨。

➡ 猫咪一到晚上就大声骚动怎么办?

猫咪会在半夜或黎明用尽全力来回跑,产生大的骚动,让人无法睡好,非常困扰。

猫咪的理由

人家一到晚上就非常精神,能量大爆发呢。这也没有办法呀!

哟呵!现在是爆发的时候啦!

小要点

● 睡觉之前让猫咪尽情地玩耍。

● 这是猫咪的成长过程,可以忍耐一个晚上直到睡着为止。

● 住楼房的话,为了不打扰到楼下邻居可以铺上一层地毯。

● 解决方法

猫咪为什么在晚上非常活跃,是因为猫咪体内有在老鼠等猎物活跃的半夜、黎明变得精力十足的计时器。但是,随着猫咪的成长,它们的作息时间会慢慢变得和人一样。可以等着猫咪活跃完再睡,或者还有一种方法,主人睡之前先陪猫咪玩耍,让它把能量用完。猫咪玩耍的话15分钟就足够了,如果玩累了的话会睡得非常好。这是和猫咪非常重要的交流方式,所以请陪猫咪好好地玩耍。

➡ 猫咪咬人、
抓人的毛病改不了的话怎么办？

抚摸或和猫咪有身体接触时，它会突然咬人、抓人，让人困扰。

猫咪的理由

人家非常高兴心情非常好，
一不小心热情就过于高涨了呢。

小要点

● 这是猫咪表达爱意的一种方式，要表示理解。

● 将猫咪这种热情高涨的心情转嫁到别的事情上去。

热情高涨，
精气神满满

● **解决方法**

　　要明白这是猫咪表达爱意的一种方式，这一点很重要。被咬之后先夸张地发出表示很疼的声音，这样的话猫咪就会渐渐记住咬时应该用的力度。由于这是爱意的表达，不可以训斥猫咪。由于猫咪这个时候非常开心，心情大好，所以可以让猫咪去玩耍。（但是，不是让猫咪自己玩，而是给它玩具玩）。与其让猫咪中止咬、抓的行为，不如将这种好心情转移到别的事情上去。有时候也可以让猫咪"停止"，要根据情况进行判断。

➡ 猫咪在厕所以外的地方大小便的话怎么办?

明明准备了厕所,猫咪偏要在水槽、门口大便,让人很困扰。

猫咪的理由

不在这里的话,人家上不出来……

小要点

● 仔细寻找出现这种状况的原因是什么。

● 将可能的原因一一改善,排除。

● 解决方法

猫咪可能会这么想"在厕所里上不出来,那在哪里能上出来呢?"出现这种情况,就该考虑是不是厕所有什么问题呢。猫咪不喜欢厕所里的猫砂?不喜欢厕所的边缘部分?不喜欢厕所的位置?具体原因因猫而异,需要不断摸索,找出原因。仔细观察猫咪上厕所的时间,尝试着把认为有可能的原因一一找出并改善,找到真正的原因可能会花费很长的时间,但饲养动物就是需要这种努力。

139

➡ 猫咪打扰主人的话怎么办?

猫咪会跳到主人正在读的报纸上，跳到电脑键盘上，让人困扰。

发现了一个好地方！仅此而已……

● 解决方法

猫咪认为报纸是"主人注意力集中的地方"，所以为了引起主人注意才故意跳到上面。猫咪之所以会跳到键盘上大概是因为"既然一直盯着电脑的话还不如宠宠我"。无论是哪种都是为了在主人面前博得一定的地位。由于我们难以让猫咪理解人类所做的事情，所以很遗憾没有解决方法。可以暂时中断自己的事情，让猫咪撒撒娇。

小要点

● 要明白要么停止工作，要么按照猫咪的要求宠宠它。

有关怀孕、生产的事项

幼猫在出生半年之后晚上会突然发出像婴儿哭一样的叫声，行为和平时也不一样。这是猫咪迎来了性成熟的发情信号。

➡ 发情信号

猫咪约6个月大的时候就会发情。到了繁殖期，母猫会发情几次（1~2周）。繁殖期受日照时间长短的影响，外面的猫咪会在初春等时间发情，一年2~3次。室内饲养的猫咪受照明的影响冬天也会发情。公猫会受母猫发情的影响而发情，只要不交尾，就会一直发情下去。室内饲养的话，由于和其他猫咪没有接触，到了发情期主人和猫咪都会有很大压力。

母猫
- 发出像婴儿哭声一样的叫声
- 挑逗性的扭动身体
- 不再沉稳、安静

呜哇

公猫
- 为了做标记到处撒很臭的尿
- 不再沉稳、安静
- 外面的猫会为了争夺母猫而打架

➡ 怀孕的过程

公猫会因母猫发情挑逗而发情，但是双方性格不合的话是不会交尾的。如果母猫表示接受的话，公猫会骑在母猫身上，咬住母猫的脖子进行交尾。猫咪通过交尾刺激进行排卵，怀孕率几乎是100%。如果希望猫咪之间交尾，但是猫咪患有有传染危险的病毒性疾病，或者怀疑有遗传病的话，要事先去医院确认。如果猫咪可能患有上述疾病的话要控制其交尾。

生产

猫咪的孕期约2个月。怀孕第3周~1个月期间食欲旺盛。这时肚子隆起，一看就知道是怀孕了。食物换成对胎儿有好处的，优质、营养价值高、易消化的幼猫用综合营养猫粮，量按照平时的1.5~2倍供应。要比平时更加注意食物、室温的管理。一旦发现异常马上带猫咪去医院。生产1周前让宠物医生检查，确认胎儿的数量、预产期以及紧急时的对应方法等。

➡ 怀孕的征兆和身体的变化

第1周 交尾数日后不再发情，看上去没有什么变化。

第2周 受精卵植入子宫。乳腺开始发育。

第3周 毛色变亮，食欲旺盛。乳头略带红色。

第1个月 腹部隆起明显，随着胎儿变大，排尿次数增加。

第2个月 腹部更加隆起，频繁舔阴部，开始梳理全身皮毛。临近预产期后食欲全无。第9周左右生产。

制作一个产房

母猫生产日期临近时会寻找一个能让她安心生产的地方。重新为母猫制作一个房子，放在室内安静的、稍微昏暗的地方。把食物放在房子旁边的话猫咪会很安心。

在箱子上面盖上毛巾或毛毯，将箱子里面弄暗

在箱子上剪一个出入口

箱子底部垫上宠物垫子，再铺上毛巾

➡ 需要注意的事项

饮食

为保证猫咪摄入足够的营养，要给它幼猫吃的优质综合营养猫粮。量是平时的2倍。湿猫粮容易腐烂，保存时要比平时更加注意。

身体状况

如果猫咪阴部出血或有白带的话，可能是身体出现了什么问题，这时候不要慌，带猫咪去医院检查。做好移动过程中的温度管理和压力对应。

感染

通过接种疫苗可以预防传染病，但是如果主人和别的猫咪有接触的话，可能从外面带回传染性的病原体，所以接触母猫之前要换衣服，把手洗干净。

环境

切实做好室温管理。注意不要让早晚温差过大。多准备几个可以让母猫安心休息的场所。母猫有时候会跳起来，如果是自发行动的话就不用担心。

➡ 这种情况下该怎么办？

阵痛开始1个小时也生不下来

>> 联系宠物医生，听从医生的指示。

刚出生的幼猫不能自主呼吸

>> 用干净的纱布清除幼猫口中的羊水，用手指像摩擦一样轻轻按摩背部，促进其自主呼吸。

猫妈妈不管小猫

>> 在猫妈妈允许的前提下，用消过毒的剪刀将脐带剪断，然后用温湿的纱布轻轻擦拭全身。

➡ 生产的过程

① **临近生产**

不再安静，变得爱向主人撒娇。这时候基本上顺着母猫的意思，想怎样就怎样。

② **阵痛**

猫咪进入产房，伸展开手脚并用力，发出像叹息一样的声音，出现带血的白带等就是阵痛开始的证据。

③ **生产**

阵痛开始后约30分钟产下第一只小猫，舔舐羊膜后小猫开始自主呼吸。猫妈妈将出来的胎盘吃掉，并自己咬断脐带。

④ **重复阵痛/生产**

将小猫的身体舔舐干净后喂奶。顺利的话每隔15~30分钟会重复阵痛/生产的过程。等全部生出来后安静地在一旁照顾猫妈妈。

绝育手术

　　不想让爱猫交配，同时避免主人被猫咪发情时的叫声、随地小便所困扰（有时也会给邻居带来麻烦）的话，可以考虑给猫咪做绝育手术。

　　做了手术的话，可以减少生殖器官的疾病。

➡ 手术的流程

1~2周前 术前检查

通过血液检查检查猫咪的健康状况。
确认猫咪能否承受手术。

手术前一天 绝食

由于要打麻药，前一天就要让猫咪绝食。可以给它喝水。

手术当天 手术·住院

到了预约时间，将猫咪送去进行手术，手术完后住院。有的公猫可以不用住院，当天就回家。

手术次日 出院

出院后让猫咪安静休养。如身体有异常，马上带猫咪去医院。

1周后 复查·拆线

检查手术后的身体状况和伤口。母猫需要拆线（有的医院可能会进行皮内缝合）。

➡ 手术内容

母猫···结育手术

- 出生后4~7个月后开始。
- 全身麻醉，开腹摘除卵巢和子宫。
- 顺利的话住院1~2天。

子宫······　　······卵巢

公猫···去势手术

- 出生后6~8个月后开始。
- 全身麻醉，摘除睾丸。
- 顺利的话当天往返或住院1天。

睾丸······

➡ 绝育手术的好处·坏处

绝育手术有好处也有坏处。首先作为主人的你要站在和爱猫一起生活的角度思索一下手术的意义。

好处

● 不再发情/怀孕

● 公猫不再随地大小便

※ 性成熟后再做手术的话，约10%可能会继续随地大小便。

● 母猫可以预防生殖器疾病

● 公猫变得不再有攻击性，性格沉稳

● 可以预防因交尾引起的传染病

坏处

● 全身麻痹有风险

● 荷尔蒙失调，容易变胖

● 不能繁殖下一代

猫咪做绝育手术很可怜？

猫咪所在的环境，无论哪个时代都是反映人类生活的一面镜子。

最近完全室内饲养的猫咪增多，同样，做绝育手术的猫咪也在增加。

"对于猫咪来说，这究竟是幸福还是不幸呢？"很难一概而论。

然而，现代社会的住宅构造以及交通情况，猫咪一旦外出有可能瞬间就失去生命。虽狭小但安全的领地，充足的食物，温暖的床，这一切毫无压力的环境只有在家里才能够实现。

此外，如果觉得"好可怜"而不做手术的话，主人可能会继续受发情时的叫声以及随地小便所困扰（一旦在外面无责任地繁殖的话，可能会招致社会问题）。

将绳子当做梯子爬上跳下、有矫健身姿的公猫，悉心照顾自己孩子的母猫，被各个区域的人所喜爱、成为那里润滑油的野猫，看看这些猫咪，哪一种才是幸福的呢？如果不询问猫咪的话，我们不得而知，但是有一点可以确定，就是"猫咪生活的环境取决于人类"。猫咪是反映生活在那里的人们的一面镜子。它们在每个时代都亲身教会我们各种各样的事情。

当猫咪变老了

　　猫咪8岁之后就开始出现老化现象，需要比现在更加注重猫咪的健康管理以及周围环境的营造。

➡ 老化的征兆

　　老化的征兆体现在身体的各个方面。反应和动作变得迟钝，也容易出现口腔问题，要特别注意。

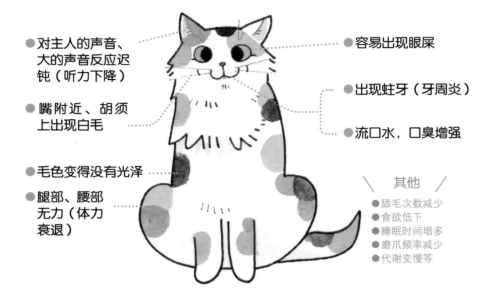

● 对主人的声音、大的声音反应迟钝（听力下降）

● 嘴附近、胡须上出现白毛

● 毛色变得没有光泽

● 腿部、腰部无力（体力衰退）

● 容易出现眼屎

● 出现蛀牙（牙周炎）

● 流口水，口臭增强

\ 其他 /

● 舔毛次数减少
● 食欲低下
● 睡眠时间增多
● 磨爪频率减少
● 代谢变慢等

　　猫咪8岁以后身体各方面都会出现老化征兆，在生活上要更加细心地照顾它。为老年猫营造一个宜居的、没有压力的环境。每半年进行一次健康检查，及早发现、及早治疗疾病。如果在这些地方花些心思的话，猫咪的寿命就会增加。近年来猫咪的平均寿命超过了15岁。和猫咪之间保持让它舒适的距离，巧妙地照顾猫咪的生活起居，让猫咪度过一个愉快的老年生活。

➡ 食物

换成老年猫吃的食物

　　猫咪上了年纪后运动量减少，新陈代谢变慢。猫咪7、8岁的时候要给它吃低卡路里易消化的老年猫专用综合营养猫粮（食物更换方法见P47）。这个时期容易发胖，要仔细给猫咪称体重，超过1岁时体重基准的15%的话就要咨询宠物医生，减少食量预防肥胖了（理想体重见P32）。此外，上年纪后容易患肾脏类疾病，记得多设几个饮水点。

➡ 环境

尝试感受老年猫的心情

走起路来都费劲呢。

● 台阶

　　体力下降，腰腿无力，想去喜欢的地方时上下楼比较困难。这时候可以摆几个箱子，做几个手工台阶。

● 床

　　猫咪上年纪后在床上的时间增加，所以要为猫咪增加一张睡起来比较舒服的床。通过更换垫子，将床变得夏天凉爽冬天温暖。对于变瘦的猫咪，可以在床上垫上一块垫子以防磨坏皮肤。

● 饮食处/厕所放在附近

　　床如果距离饮食处、厕所比较远，或冬天放在比较冷的地方的话，猫咪会非常不方便。所以尽可能将它们放在离床近的地方。

➡ 照料

悉心的关怀

由于老年猫不怎么舔毛，所以脸部、屁股周围的污垢很明显，毛色也变得没有光泽。此外，随着猫咪变老，牙齿疾病也增加，容易患牙周炎，所以要细心给猫咪做清洁，保持干净。

我吧 温柔地照顾

但是…

●梳毛➡P94~

梳毛的时候兼做身体接触，每天在不给猫咪增加负担的前提下进行梳毛。猫咪上了年纪后不仅毛色没有光泽，毛的量也会减少，注意不要划伤皮肤。

●刷牙➡P102~

由于猫咪口腔问题增多，为了防止长牙垢要定期给猫咪刷牙。

●剪指甲➡P100~

老年猫几乎不磨爪子，爪子就在外面张着，也不缩进去。要经常仔细检查，给猫咪剪指甲。

过度的身体接触、关心容易给猫咪造成压力，一定要注意。给猫咪洗澡的话要考虑到猫咪的体力，最好不要洗。污垢很明显的时候用温热的毛巾擦拭即可。适当的按摩可以促进血液循环，缓解压力。➡P82~

花费心思，为猫咪减少压力

极力避免环境变化

猫咪本来就是讨厌环境变化的生物。猫咪上了年纪之后，周围环境的变化会给它们造成很大的压力，所以尽量不要改变猫咪已经熟悉的环境，让猫咪快乐地度过晚年生活。特别是房屋的装饰发生改变或重新装修，出入人员的增加，有新的猫咪或其他宠物加入等，这些都会给猫咪造成压力。不得不搬家的时候要极其小心，注意猫咪情绪的变化。➡P92~

➡ 老年猫容易患的疾病

疾病名称	症状、原因
牙垢/蛀牙	牙龈红肿，口臭增加，蛀牙疼痛无法进食
肾功能不全	肾脏功能低下，变得多饮多尿，继续下去会引发尿毒症。关键在于及早发现，及早治疗
糖尿病	初期症状是多饮多尿。继续下去会出现食欲低下、呕吐等症状。肥胖是患病的主要原因，需要特别注意
肿瘤	从10岁左右开始容易患此病。感觉猫咪身上有肿块或有异常的话马上带它去医院
便秘	猫咪上年纪后容易得慢性便秘。原因可能在于水分不足或食物不合适

即便猫咪看上去很健康，从8岁开始也要每半年进行一次健康检查，这样有利于及早发现疾病。

令人震惊的长寿猫

近几年，猫咪寿命有延长的倾向。

根据日本一般社团法人宠物食物协会实施的"平成25年全国猫狗饲养状况调查"结果显示，日本国内饲养的猫咪平均寿命为15.01岁（一直在家不怎么出门的猫咪为15.99岁，经常出门的猫咪为13.16岁）。随着完全室内饲养的普及，猫咪的平均寿命也逐年增加。估计不久之后现在的长寿纪录就会被打破吧！

日本第一长寿猫36岁

日本第一长寿的猫咪是青森县的家猫"Yomo Ko"（♀）。据说它从1935年活到了1971年，寿命为36岁半，相当于人类157岁。据说它的食物主要是"猫饭"（剩饭），当时可能也会在外面捕食老鼠，其摄取的营养比较均衡，膳食比较合理。日本猫咪有如此长的寿命真令人震惊！

世界第一长寿猫38岁

被吉尼斯认证的世界第一长寿猫是美国德克萨斯州的名为"忌廉泡芙"的母猫。它1967年8月3日出生，2005年8月6日去世，寿命为38岁零3天，相当于人类165岁。直到现在它还保持着吉尼斯长寿纪录，寿命之长令人震惊！

日本长寿猫有表彰制度

猫咪得以长寿，主要在于其顽强的生命力，同时也离不开家人的爱和平日里对猫咪的关心。日本有的地方会给这样的猫咪和主人奖励。只要提供满17岁的证明（血统书或宠物医生的诊断书等），随申请书一起提交的话，公益财团法人日本动物爱护协会会给寿命17岁以上的猫咪免费颁发证书。此外，日本也有很多自治体有表彰制度，感兴趣的人可以咨询相关医生或自治体负责人。

长寿表彰奖状

爱猫 窪寺千明小姐 1993年3月3日生 女

你作为窪寺家的一员，多年来与他们同甘共苦，并得以延年益寿，是人类与动物共生的模范。

因此，你被评为有功劳的动物，特此表彰，以资鼓励。

2013年10月18日
（公财）日本动物爱护协会
理事长 杉山公宏

应对各种灾害的对策

地震、火灾等灾害不知道何时会发生。和人类一样，猫咪也需要事先进行模拟逃生训练或提前做好准备以备不时之需，这些事前准备或许会成为爱猫的救命稻草。猫咪没有特殊情况的话基本上是和主人一起避难。

需要事先准备的爱猫避难用物资

便携箱·组装笼子

这些物品可以作为避难时在避难地的简易住所。

准备几张爱猫的照片

照片可以作为猫咪走失时的线索以及作为猫咪主人的证明。

水

瓶装水（2L）×6瓶。
※只有矿泉水的情况下，要使用软水。

食物·餐具

至少准备3~5天猫咪平时吃的干（湿）猫粮。

简易厕所·猫砂

专用的简易厕所。没有的话可以在纸箱里铺上一层塑料袋制作一个厕所。

挽具·牵引绳

防止猫咪避难时在避难地跑掉。

＼ 其他 ／

- 宠物垫
- 湿毛巾
- 厕纸
- 毛巾
- 垃圾袋
- 药膳/药/病例等

做好事前对策　必须给猫咪接种疫苗，带上姓名牌（可以的话，给猫咪植入微型芯片P15）。长期避难的情况下，可以事先确认好值得信赖的宠物寄养处，这样的话会更放心。最好平时和宠物寄养处等建立良好的关系，这样便于关键时刻拜托他们帮忙。

➡ 基本上是主人和猫咪一同避难

由日本大地震引发的福岛核泄漏事件，就是因为主人没和宠物一起避难，造成好多宠物被饿死，一度成为社会问题。借鉴这个教训，之后的避难基本上是避难时必须把宠物装进笼子，宠物和主人一同行动。猫咪如果惊恐的话，作为主人首先不要慌张，要一边温柔地叫它一边保护它。主人要冷静地应对，这一点非常重要。

➡ 在避难所需要特别注意的事

避难所里有各种各样的人，有的人有气喘等旧疾，有的人易过敏，有的人对猫咪比较反感，所以要站在对方的立场上考虑一些问题。首先，要确认避难所宠物接收的相关规定，将笼子放在猫咪逃脱不了、不妨碍他人的地方。此外，猫咪在避难所会产生很大的压力，要格外注意猫咪的压力状况和身体健康。

➡ 不能带猫咪去避难所的话一定要做好万全的准备

万一爱猫不得不被留在家中避难的话，请参考主人不在家时需要做的准备（P72），准备好充足的食物、水以及备好厕所，同时确保室内安全。门外面贴上写有"里面有猫咪"的纸条（如果有多只猫咪的话，写上猫咪的总数量，这样去救援的时候不容易落下，比较让人放心）。

各种应急处理

发生意想不到的事故或猫咪的身体状况突然有异常时，去医院之前如果主人进行恰当的应急处理的话，有时候能够将症状恶化控制在最小范围内。

需要提前准备好的东西

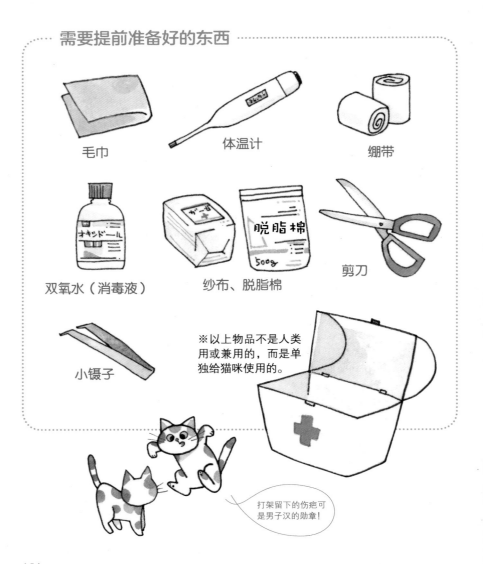

毛巾

体温计

绷带

双氧水（消毒液）

纱布、脱脂棉

剪刀

小镊子

※以上物品不是人类用或兼用的，而是单独给猫咪使用的。

打架留下的伤疤可是男子汉的勋章！

●伤口、止血

压迫止血，固定患处

伤口看上去能洗干净的话就用流水将其冲洗干净，用干净的毛巾压迫、止血。在伤口处垫上杀菌消毒后的纱布或干净的毛巾，用绷带固定好后马上送猫咪去医院。如果是咬伤或抓伤的话，为防止伤口化脓，要用沾了消毒液的脱脂棉进行消毒。

猫咪拖着腿走路、骨骼看上去变形等有骨折可能性的话，一定要将患部好好固定。然后马上将猫咪用浴巾包裹好送往医院。

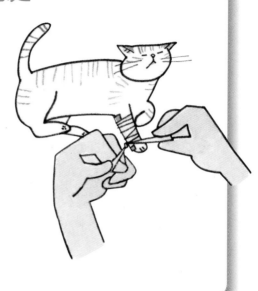

不慌张，要冷静

看到因受伤或其他突发状况而受惊的猫咪，主人一般很容易乱了阵脚。这个时候，不要慌张，冷静处理是第一要务。猫咪如果出现突发状况，基本上第一时间要将其送往宠物医院，但是在这之前，如果尽自己可能进行一些应急处理的话，不仅可以避免危及猫咪生命，还有可能最大限度防止病情恶化。

此外，去往医院的途中，将猫咪用浴巾裹起来放进笼子里，或放入底部结实的纸箱子里（为防止猫咪跑掉，要将纸箱盖好），这样猫咪比较容易安心。猫咪处于受惊状态下，很有可能会不认识主人，会不知轻重地咬伤主人或产生一些其他预想外的行为，这时候要多加注意，灵活应对。

● 烫伤

首先冷敷患部

用流水冲洗患部，或用保冷剂冷敷患部。烫伤面积大的话，可以用冷的湿毛巾将猫咪裹起来冷敷。带猫咪去医院的路上也要用冷毛巾敷着去。

● 溺水

让猫咪吐水

如果猫咪不小心掉落水中发生溺水的话，首先要赶紧将猫咪提起。如果猫咪看上去像是喝了水的话就要让猫咪把水吐出来。抓住猫咪的后腿，让猫咪头朝下，通过摇晃让猫咪吐出气管里的水。

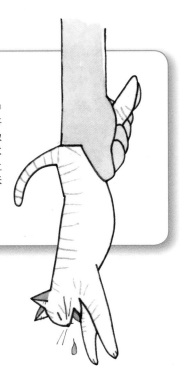

●中暑

冷敷身体，降温

　　猫咪中暑时会张开嘴"ha ha"地喘气，并伴随体温上升。如果进入休克状态的话可能会导致死亡，所以要及早为猫咪降温。可以用流水浇猫咪或者将毛巾浸入冷水，轻轻拧干将猫咪用凉毛巾裹起来。与此同时，要联系宠物医生听从医生的指示。

●意识不清

保证气道通畅，马上带猫咪去医院

　　猫咪出现意识不清的状态可能是由于舌头把气道堵塞了，所以首先要将舌头拽出，保证气道通畅。不能让猫咪随便动，要尽快联系医院听从医生的指示。主人一定不要慌张，要镇定地向医生说明情况。

离别之际

只要是生物，就有死去的一天。那一天到来的时候，能够直面、接受，也是对猫咪的一种爱吧。让我们怀着对小生命的感谢，送它开始另一段旅程吧。

一直要珍惜到最后

●猫咪去世后……

清洁遗体，入棺

猫咪去世后，首先要用干净的毛巾给猫咪做清洁。要怀着慰劳、感激之情轻轻擦拭猫咪的身体。清洁完后用布将猫咪裹好，放入棺材里。埋葬猫咪之前要将棺材放在家中的阴凉处。夏天的话，可以打开空调或在棺材里放入保冷剂。

直面猫咪的死亡也是一种爱

在无论采取任何方法都不能阻止猫咪死亡的情况下，主人要学会接受猫咪要离开的事实。一旦决定和猫咪一起生活，就要意识到猫咪的寿命比我们短，我们要与猫咪生活在"当下"。要知道猫咪总有一天会踏上另一段旅途，为了在送别猫咪的时候向它表达最高的感激之情，需要家庭成员事先为猫咪想一个送别的仪式，这可以说是对猫咪最大限度的爱吧。

● 埋葬方式

在自家埋葬

　　想将猫咪埋葬在自己家的话，首先需要找到合适的地点。如果邻居家离得很近的话也要考虑邻居的感受。埋葬时将猫咪放入纸箱或木制棺材中，这样容易让猫咪回归大自然。然后为防止其他动物刨挖，最好将洞挖至1米深。但是，如果猫咪因传染病去世的话，考虑到卫生问题，要采用火葬。

在专业场所火葬

　　一些大的宠物医院会联系专业公司提供宠物火化的服务。

在宠物陵园火葬

　　每个陵园的系统都不同，最好事先对每个陵园进行调查，好好比较一番的话会比较放心。

● 为了免受失去宠物之苦

尽情地伤心也很重要

　　爱猫死后，有的人会沉浸在打击和丧失感中不能自拔，一直处于抑郁状态；会因罪恶感而自责；食欲不振、失眠等症状一直持续。这种反应叫做"失去宠物症候群"，严重情况下还会给日常生活带来影响。为避免这种状态发生或持续，首先不要一味强迫自己走出悲伤的状态，想哭的时候就放声大哭。此外，向朋友或有过同样经历的伙伴吐露内心想法也是一种解决方法。无论猫咪活的时间多么短或有什么疾病，都要发自内心地表扬猫咪努力过完了这一生。同时也要接受自己，对于猫咪的死亡不能自责，要相信那个时候做出的判断是最好的。死亡是大自然的定理。猫咪作为我们的家人，作为地球上的生物，作为和我们有缘的存在，它们只是比我们早一点去那个世界而已。

图书在版编目（CIP）数据

萌猫养护全程指导：全彩图解版／日本《与猫咪的每一天》编辑部编；陈梦颖等译. -- 北京：中国农业出版社，2017.1（2021.8重印）
（我的宠物书）
ISBN 978-7-109-21931-1

Ⅰ.①萌… Ⅱ.①日… ②陈… Ⅲ.①猫—驯养—图解 Ⅳ.①S829.3-64

中国版本图书馆CIP数据核字(2016)第170296号

HAJIMETE NO NEKO TONO KURASHI KATA
© Nitto Shoin Honsha Co., Ltd. 2014
Original Japanese edition published in 2014 by Nitto Shoin Honsha Co., Ltd.
Simplified Chinese Character rights arranged with Nitto Shoin Honsha Co., Ltd.
Through Beijing GW Culture Communications Co., Ltd.

本书中文版由日本株式会社日东书院本社授权中国农业出版社独家出版发行。本书内容的任何部分，事先未经出版者书面许可，不得以任何方式或手段刊载。

北京市版权局著作权合同登记号：图字01-2016-0470号

中国农业出版社出版
（北京市朝阳区麦子店街18号楼）
（邮政编码100125）
责任编辑　刘昊阳　吴丽婷　程　燕

北京中科印刷有限公司印刷　新华书店北京发行所发行
2017年1月第1版　2021年8月北京第6次印刷

开本：880mm×1230mm　1/32　印张：5
字数：220千字
定价：32.00元
（凡本版图书出现印刷、装订错误，请向出版社发行部调换）